"十二五"江苏省高等学校重点教材(编号 2014-2-016)

江苏省示范性高职院校建设成果

职业院校电子类专业规划教材

电子元器件焊接工艺教程

主　编：邵利群　臧华东

副主编：宋冬萍　邵　雯

　　　　黄　璟　常　诚

主　审：王益基

U0303421

电子工业出版社

Publishing House of Electronics Industry

北京·BEIJING

内 容 简 介

本书根据教育部关于高职高专人才培养目标的要求,以学生职业岗位能力为依据,强调对学生应用能力、实践能力、分析问题和解决问题能力的培养,突出职业特色。

本书依据高职高专"电子元器件焊接工艺"课程标准的要求,以典型项目为载体,将教学内容按项目编写。全书共有 5 个项目:电子元器件的手工焊接、贴片元器件的回流焊接、波峰焊接、通孔元器件的回流焊接、焊接的可靠性评估。本书以实践能力为主线,以工作任务为中心,以"必需、够用"为原则,任务驱动、教学做合一,真正体现"学中做,做中学"新课程改革的理念。

本书实用性强,内容覆盖面广,可作为高职高专电子信息类专业的教材,也可供从事电子职业的有关人员参考。

图书在版编目(CIP)数据

电子元器件焊接工艺教程/邵利群,臧华东主编.--北京:电子工业出版社,2014.12
职业院校电子类专业规划教材
ISBN 978-7-121-25251-8

Ⅰ.①电… Ⅱ.①邵…②臧… Ⅲ.①电子元件-焊接-高等职业教育-教材②电子器件-焊接-高等职业教育-教材 Ⅳ.①TN05

中国版本图书馆 CIP 数据核字(2014)第 302676 号

责任编辑:贺志洪 　　　　　　　　特约编辑:张晓雪　薛　阳
印　　刷:北京七彩京通数码快印有限公司
装　　订:北京七彩京通数码快印有限公司
出版发行:电子工业出版社
　　　　北京市海淀区万寿路 173 信箱　邮编　100036
开　　本:787×1092　1/16　印张:15　字数:384 千字
版　　次:2014 年 12 月第 1 版
印　　次:2022 年 9 月第 9 次印刷
定　　价:38.00 元

凡所购买电子工业出版社图书有缺损问题,请向购买书店调换,若书店售缺,请与本社发行部联系,联系及邮购电话:(010)88254888。

质量投诉请发邮件至 zlts@phei.com.cn,盗版侵权举报请发邮件至 dbqq@phei.com.cn。

服务热线:(010)88258888。

前　　言

"电子元器件焊接工艺"是高职应用电子技术、电子信息技术专业一门重要的专业核心课程。本书以实践能力为主线,以工作任务为中心,以典型项目为载体,将相关知识点融入各项目中,理论与实践联系,使学生在实践活动中掌握知识,从而增强了课程内容与职业岗位能力的相关性,培养了学生的职业素质。本书的实践项目都来自于企业。

"电子元器件焊接工艺"课程具有很强的实用性、针对性。通过本课程的学习,使学生能操作相关焊接设备,掌握 SMT 和 THT 工艺技术,全面提高学生识别元器件、判断焊接质量及对回流焊接和波峰焊接各个参数进行测量管控优化。这些都是 SMT 技术员、产品维修技术员等岗位最为重要和基本的能力。

本书是根据现代电子制造企业 SMT 岗位、产品维修技术员等岗位群的典型工作任务而编写的项目化教材。全书共有 5 个项目,它们是:电子元器件的手工焊接、贴片元器件的回流焊接、波峰焊接、通孔元器件的回流焊接、焊接的可靠性评估。教材按照"以能力为本位,以职业实践为主线"的要求,以掌握电子产品制造工艺的基本技术和操作技能为基本目标,围绕工作任务完成的需要选择和组织课程内容,让学生在完成职业任务的过程中,掌握工艺知识、工艺技能、理解 IPC 标准。本教材在以下方面体现出高职教育的特色:①以能力为主线、工作任务为中心,选择教材项目;②根据就业岗位要求,确定教材内容;③将行业标准、企业案例等融入课程;④以企业生产流程为主线编写教材;⑤融"教、学、做"为一体,强化学生能力的培养;⑥将素质教育贯穿教材始终。本教材对提高学生的学习能力、实践能力将起到积极的推动作用。

本书每个任务最后都配有问题探究和拓展训练,用于帮助读者加深理解和巩固所学的知识和技能。书中的项目载体 HE6105 示波器由苏州和迅电子有限公司生产,电路图见附录。

本书由校企合作开发,项目 1 由苏州工业职业技术学院黄璟和丽辉光电子科技发展(江苏)有限公司高级工程师常诚编写,项目 2 由宋冬萍编写,项目 3 由邵雯编写,项目 4 由邵利群编写,项目 5 由臧华东编写,邵利群、臧华东负责全书统稿,KIC 公司的王益基任主审。同时 KIC 公司的丁军瑛、丽辉光电子科技发展(江苏)有限公司的高级工程师常诚、苏州和迅电子有限公司的高级工程师蒋淼菁参与了项目载体、课程内容、工作任务的确定,并提供了大量的案例,编者在此表示衷心的感谢。

由于编者水平有限,加上时间仓促,书中难免有疏漏和欠妥之处,我们恳请读者及时向我们反馈质量信息,以利于我们不断提高教材的质量,为广大师生提供适用的教材。

编者
2014.10

目　录

项目1　电子元器件的手工焊接

项目综述

在本项目中我们将学习手工组装简易电子产品的知识,最终制作一个实用的单片机编程器。项目分解为四个模块,分别是电子元器件的辨认与简易测试、通孔元器件的手工插装与焊接、贴片元器件的手工焊接、单片机编程器的手工组装。电子元器件的辨认与简易测试模块采用元器件识读模板为载体;通孔元器件、贴片元器件手工焊接模块采用手工焊接实训板为载体,手工焊接综合模块采用DPJ01型单片机编程器为载体。本模块主要要求掌握静电放电的基本原理及其防护知识,掌握通孔安装和表面安装技术,熟悉IPC—A—610E相关工艺标准,会识别和测试常用电子元器件,熟练掌握手工焊接技能和不良品返修技术。

教学目标

最终目标	促成目标				
能正确测试元器件参数,能手工组装电子产品,能运用IPC标准判断焊接质量	能在焊接时正确采取防静电措施	能准确辨别各种通孔安装/表面安装元器件的参数、极性、封装	能正确测试各类元器件的参数	能熟练运用IPC标准对焊接质量进行判定	能根据焊接标准,组装单片机编程器
工作任务	测试材料的静电值	识别各类元器件封装	测试各类元器件参数	焊接元器件,判别焊接质量,对不良品进行返修	组装单片机编程器,通电验证其功能
★★★	★★	★★	★★	★★★	★★

模块1.1　电子元器件的辨认与测试

通过本模块的学习你将能够回答以下问题:

1. 色环起什么作用?
2. 电容有哪些种类?
3. 如何判断二极管的正负极?
4. 如何判断三极管的电极?

通过本模块的学习我们将了解各种常用电子元器件的参数,掌握常用电子元器件的检测方法;了解常用集成电路的封装;了解静电产生的原因与危害,以及静电防护基本知识。

能力目标:能正确辨认电子元器件,能用万用表测试其参数,判断好坏和极性;能正确辨认电子元器件、集成电路的封装;能准确测量材料静电值。

素质目标:培养自主学习的能力,在完成任务过程中能发现问题,分析和解决问题;培养团队合作意识；能严格进行安全、文明、规范的操作,5S 到位。

任务 1.1.1 电子元器件的辨认与简易测试

一、任务目标

- 能识别各种通孔安装、表面安装电阻、电位器、电容、电感、变压器的参数和封装,会用万用表测试电阻、电容、电位器等的参数,会用万用表判断变压器的好坏和同名端。
- 能识别各种通孔安装、表面安装二极管、三极管的极性和封装,会用万用表判别其极性和好坏。
- 能完成电子元器件辨认与测试板 1 中元器件参数的测量,能找出电子元器件辨认与测试板 2 中安装有错的元器件。

二、工作任务

- 辨认常用电子元器件。
- 使用万用表测试常用电子元器件的参数,判断其质量。

三、任务实施

任务引入:展示一块电路板,如图 1.1 所示,上面安装有电阻、电位器、电容、电感、变压器、二极管、三极管等常见元器件。这些元器件的测量常采用万用表,本任务将介绍如何使用万用表测量常用电子元器件。

图 1.1　常见元器件

（一）万用表的使用方法

通过学习相关知识,完成以下子任务。

- 子任务 1：熟悉万用表测量的物理量。

请思考：万用表有什么功能？各个挡位测量什么物理量？如何正确读数？

- 子任务 2：理解欧姆挡的使用。

请思考：用欧姆挡测量电阻时能不能带电测量？被测电阻如果有并联支路怎么处理？

- 子任务 3：确定万用表的量程。

请思考：测量标称值未知的元器件时,怎么确定测量量程？

- 子任务 4：比较两种万用表。

请思考：模拟万用表和数字万用表在结构和使用方法上有哪些不同？

（二）色环电阻的识读与测量

通过学习相关知识,完成以下子任务。

- 子任务：识读与测量色环电阻。

分发电阻识读板,识读 25 个不同数量级的色环电阻,用万用表测量实际值,将结果记录在表 1.1 内。

请思考：如何识读与测量色环电阻的阻值？

表 1.1 电阻记录表

序　号	配件图号	色　　环	标　称　值	实　测　值
1	R1			
2	R2			
3	R3			
4	R4			
5	R5			
6	R6			
7	R7			
8	R8			
9	R9			
10	R10			
11	R11			
12	R12			
13	R13			
14	R14			
15	R15			
16	R16			
17	R17			
18	R18			
19	R19			
20	R20			
21	R21			

序　　号	配件图号	色　　环	标　称　值	实　测　值
22	R22			
23	R23			
24	R24			
25	R25			

识读和测量完毕,以小组为单位进行结果比较,找出正确的答案,并讨论错误数据产生的原因。

(三) 电位器的识读与检测

通过学习相关知识,完成以下子任务。

> • 子任务:识读与检测电位器。
>
> 分发电位器识读板,识读5个不同数量级的电位器,用万用表测量实际值,并检查电位器接触是否良好,将结果记录在表1.2内。
>
> 请思考:如何识读电位器的标称值? 如何用万用表测量电位器的实际值? 如何判断动点接触是否良好?

表 1.2　电位器记录表

序　　号	配件图号	标　称　值	实　测　值	动点接触是否良好
1	RP1			
2	RP2			
3	RP3			
4	RP4			
5	RP5			

识读和测量完毕,以小组为单位进行结果比较,找出正确的答案,并讨论错误数据产生的原因。

(四) 电容器的识读与检测

通过学习相关知识,完成以下子任务。

> • 子任务:识读电容的标称值与测量实际值。
>
> 分发电容器识读板,识读17个不同数量级的电容器,用手持式电容表测量电容的实际值,将结果记录在表1.3内。
>
> 请思考:如何识读电容的标称值? 如何测量电容的实际值?

表 1.3　电容器记录表

序　　号	配件图号	标　称　值	实　测　值
1	C1		
2	C2		

续表

序　号	配件图号	标　称　值	实　测　值
3	C3		
4	C4		
5	C5		
6	C6		
7	C7		
8	C8		
9	C9		
10	C10		
11	C11		
12	C12		
13	C13		
14	C14		
15	C15		
16	C16		
17	C17		

识读和测量完毕,以小组为单位进行结果比较,找出正确的答案,并讨论错误数据产生的原因。

(五)电感、变压器的识读与检测

通过学习相关知识,完成以下子任务。

> • 子任务 1:识读电感的标称值与测量电感的直流电阻值。
>
> 分发电感识读板,识读 5 个不同数量级的电感器,用万用表测量直流电阻值,记录在表 1.4 内。
>
> **请思考**:如何识读电感的标称值?如何测量电感的直流电阻值?
>
> • 子任务 2:测量变压器各绕组的直流电阻值。
>
> 分发变压器,用万用表测量 3 个不同类型变压器绕组的直流电阻值,记录在表 1.4 内。

表 1.4　电感、变压器器记录表

序　号	配件图号	色　　环	标　称　值	直流电阻值
1	L1			
2	L2			
3	L3			
4	L4			
5	L5			
6	T1	—	—	
7	T2	—	—	
8	T3	—	—	

注：色码电感与色标电阻识读方式一样。

识读和测量完毕，以小组为单位进行结果比较，找出正确的答案，并讨论错误数据产生的原因。

（六）二极管的识读与检测

通过学习相关知识，完成以下子任务。

• 子任务：测量二极管正反向电压，判定二极管质量。

分发二极管识读板，识读13个二极管（开关二极管、整流二极管、稳压二极管），用万用表测量正、反向电压，检测二极管的质量，记录在表1.5内。

请思考：如何测量二极管的正反向电压？如何判别二极管质量好坏？如何判别二极管极性？

表1.5　二极管记录表

序　号	配件图号	型　号	正向电压值	反向电压值	结论（好、坏）
1	D1—D5				
2	D6—D10				
3	Z1—Z3				

识读和测量完毕，以小组为单位进行结果比较，找出正确的答案，并讨论错误数据产生的原因。

（七）三极管的识读与检测

通过学习相关知识，完成以下子任务。

• 子任务：识读与检测三极管。

分发三极管识读板，识读10个三极管，用万用表判断三极管的好坏，区分三极管三个极，测量发射结、集电结正向偏置电压，记录在表1.6内。

请思考：如何判别三极管的三个极？如何判别三极管质量好坏？

表1.6　三极管记录表

序　号	配件图号	型　号	发射结电压值	集电结电压值	结论（好、坏）
1	V1—V2				
2	V3—V4				
3	V5—V6				
4	V7—V8				
5	V9				
6	V10				

识读和测量完毕，以小组为单位进行结果比较，找出正确的答案，并讨论错误数据产生的原因。

四、相关知识

(一)电阻的识读与测试

1. 电阻的识读

(1)色环电阻

五环电阻读数方法为:第一色环是百位数,第二色环是十位数,第三色环是个位数,第四色环是乘颜色次幂,第五色环是误差率。如果第四条倍数色环为金色,则将有效数乘以0.1。如果第四条倍数色环为银色,则乘以0.01。如果第五条颜色为棕色,则代表误差为1%。电阻器色标符号意义见表1.7。

例如图1.2所示,五色环是"棕黑黑橙棕"前三环颜色分别是棕、黑、黑,其对应数字为棕1、黑0、黑0,有效数为100,第四环颜色橙,其倍乘数为 10^3,最后一环为误差,故其电阻值为 $100 \times 10^3 \Omega = 100k\Omega$,误差为 $\pm 1\%$。

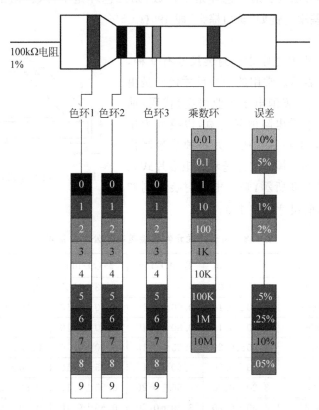

图1.2　五色环电阻的标记规律

表1.7　电阻器色标符号意义

颜　　色	第一位有效数字	第二位有效数字	第三位有效数字	倍　乘　数	允许误差/%
棕	1	1	1	10^1	± 1
红	2	2	2	10^2	± 2
橙	3	3	3	10^3	
黄	4	4	4	10^4	

颜　　色	第一位有效数字	第二位有效数字	第三位有效数字	倍　乘　数	允许误差/%
绿	5	5	5	10^5	±0.5
蓝	6	6	6	10^6	±0.25
紫	7	7	7	10^7	±0.1
灰	8	8	8	10^8	+20−50
白	9	9	9	10^9	—
黑	0	0	0	10^0	—
金	—	—	—	10^{-1}	±5
银	—	—	—	10^{-2}	±10
无色	—	—	—	—	±20

四环电阻识读方法为：第一色环是十位数,第二色环是个位数,第三色环是乘颜色次幂,第四色环是误差率。例如"黄白棕金"即 490Ω±5%。

(2) 贴片电阻

① 封装尺寸。贴片电阻常见封装尺寸有 9 种,用两种尺寸代码来表示。常用的一种尺寸代码是由 4 位数字表示的 EIA(美国电子工业协会)代码,前两位与后两位分别表示电阻的长与宽,以英寸为单位。如 0603 封装就是英制代码。另一种是米制代码,也由 4 位数字表示,其单位为毫米。矩形片式元件结构示意图如图 1.3 所示,贴片电阻封装英制和公制的关系及详细的尺寸见表 1.8。

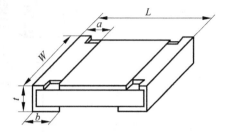

图 1.3　矩形片式元件结构示意图

表 1.8　矩形片式元件封装英制和公制关系表

英制/inch	公制/mm	长(L)/mm	宽(W)/mm	高(t)/mm	a/mm	b/mm
0201	0603	0.60±0.05	0.30±0.05	0.23±0.05	0.10±0.05	0.15±0.05
0402	1005	1.00±0.10	0.50±0.10	0.30±0.10	0.20±0.10	0.25±0.10
0603	1608	1.60±0.15	0.80±0.15	0.40±0.10	0.30±0.20	0.30±0.20
0805	2012	2.00±0.20	1.25±0.15	0.50±0.10	0.40±0.20	0.40±0.20
1206	3216	3.20±0.20	1.60±0.15	0.55±0.10	0.50±0.20	0.50±0.20
1210	3225	3.20±0.20	2.50±0.20	0.55±0.10	0.50±0.20	0.50±0.20
1812	4832	4.50±0.20	3.20±0.20	0.55±0.10	0.50±0.20	0.50±0.20
2010	5025	5.00±0.20	2.50±0.20	0.55±0.10	0.60±0.20	0.60±0.20
2512	6432	6.40±0.20	3.20±0.20	0.55±0.10	0.60±0.20	0.60±0.20

② 参数识别。一般英制 0603 及 0603 以下封装的电阻,在本体上是不做碑文标志的,需用万用表测量其阻值。而对于封装尺寸大于 0603 英制的电阻,绝大多数都会在电阻的表面标志,一般有 3 位数字和 4 位数字两种表示方法。

• 3 位数字表示法：前两位数字代表电阻值的有效数字,第 3 位数字表示在有效数字后面应添加"0"的个数。当电阻小于 10Ω 时,在代码中用 R 表示电阻值小数点的位置,这种表示法通常用于阻值误差为 5% 电阻系列中。例如:330 表示 33Ω,而不是 330Ω;221 表示 220Ω;683 表示 68000Ω 即 68kΩ;105 表示 1MΩ;6R2 表示 6.2Ω。

- 4 位数字表示法:前 3 位数字代表电阻值的有效数字,第 4 位数字表示在有效数字后面应添加"0"的个数。当电阻小于 10Ω 时,代码中仍用 R 表示电阻值小数点的位置,这种表示方法通常用于阻值误差为 1% 的精密电阻系列中。比如:0100 表示 10Ω;1000 表示 100Ω;4992 表示 49900Ω,即 49.9kΩ;1473 表示 147000Ω 即 147kΩ;0R56 表示 0.56Ω。

2. 电阻的测试

与模拟式仪表相比,数字式仪表具有灵敏度高,准确度高,显示清晰,过载能力强,便于携带,使用简单等优点。目前数字式测量仪表已成为主流,有取代模拟式仪表的趋势。下面简单介绍使用数字万用表测试电阻的方法和注意事项。

① 使用前,应认真阅读有关的使用说明书,熟悉电源开关、量程开关、插孔等的作用。

② 将电源开关置于 ON 位置。

③ 测量电阻时将量程开关拨至 Ω 的合适量程,红表笔插入 V/Ω 孔,黑表笔插入 COM 孔,挡位开关打到相应量程,将红黑表笔接触电阻器两端,便可直接从数码显示处读得测量值。

注意事项:

① 满量程时,仪表仅在最高位显示数字"1",其他位均消失,这时应选择更高的量程。

② 当显示"BATT"或"LOW BAT"时,表示电池电压低于工作电压,应及时更换电池。

(二)电位器的识读与测试

1. 电位器的识读

电位器结构图如图 1.4 所示。常见电位器外形图如图 1.5 所示,有实心电位器、多圈电位器、带开关的电位器等类型。

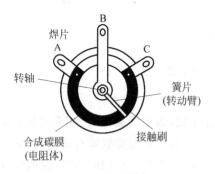

图 1.4　电位器结构图

图 1.5　常见电位器外形图

电位器的标称阻值是指电位器两个固定端的阻值,允许偏差有下列几种:±20%、±10%、±5%、±2%、±1%、±0.1% 等。可调电阻最大值的标志方法一般采用 3 位数字法,前两位数字代表电阻值的有效数字,第 3 位数字表示在有效数字后面应添加"0"的个数,如

502 表示 5kΩ,504 表示 500kΩ。

2. 电位器的测试

① 用万用表欧姆挡测图 1.4 中 A、C 两端,其读数应为电位器的标称值。若测量值与标称值相差很大,则表明电位器已损坏或质量不合格。

② 检查电位器的活动臂与电阻片接触是否良好。用万用表的欧姆挡测图 1.4 中 A、B(或 B、C)两端,旋转动片,万用表指示值应在 0 到标称值间均匀变化,若在此过程中数值有跳动现象,说明可变触点接触不良。如果将这种电位器用于收音机的音量控制,会出现噪声。

(三)电容器的识读与测试

1. 电容器的识读

常见电容器外形图如图 1.6 所示,有涤纶电容、元片电容、电解电容、钽电容等类型。

电容器标称容值、允许偏差的标注方法有如下几种,依据标注识读电容器参数。

① 直标法:将电容器的容量、正负极性、耐压、偏差等参数直接标注在电容体上,这种方法主要用于体积比较大的电容器,比如电解电容。

② 文字符号法:将电容器主要参数用文字符号和数字有规律的组合来表示的方法。标称值中常用符号是:F、m、μ、n、p 等,常常用到"μ"和"n"。例如,6n8 表示 6800 pF;2μ2 表示 2.2 μF;p82 表示 0.82 pF。

③ 数码法:用三位数码来表示电容器参数的方法,其允许偏差通常用字母符号表示。识别方法与电阻器一样,单位为 pF。但当第三位数为"9"时,表示的是 1/10。例如,102 表示 1000 pF;339 表示 3.3 pF;103 表示 0.01μF;224 表示 0.22μF。

④ 色标法:使用的颜色和规则与电阻器一样,单位为 pF。甚至电容器耐压也有使用颜色的,具体可参阅相关资料。

图 1.6　常见电容器外形图

2. 电容器的测试

电容器的检测方法为:首先观察其外表应完好无损,表面无裂口、污垢和腐蚀;标志应清晰;引出电极无折伤、刻损。然后用仪表进行检测。电容器主要故障有击穿、短路、断路、漏电容量减小、变质失效(多数是电解电容器年久干枯而失效)及破损(瓷介微调电容较易发生)等。

数字万用表测量电容值,首先识读电容器的标称值,将万用表打到相应电容量程,电容器插入电容测试孔,即可读出实测值。模拟万用表不能测试电容的具体容量,但能观察电容器的充放电。

使用电容表测量电容值,其步骤如下:

① 打开电源开关,液晶显示器显示"00.0"画面,此时可以将待测的电容放在液晶显示器上准备测量。

② 把电容表量程开关旋至需要测试的电容容值处,用测试笔将电容器的两端夹住,此时液晶显示器上会显示所测电容的容值大小。如果显示器显示"1.",表示选择的量程小,此时需将量程开关调高一挡。如果显示器上数字静止不动,表示选择的量程大,此时需将量程调低一挡。

（四）电感、变压器的识读与测试

1. 电感、变压器的识读

常见电感、变压器外形图如图 1.7 所示,有色码电感、贴片电感、阻流圈等。色码电感识读方式与色码电阻类似。变压器的识读看其铭牌。

2. 电感、变压器的测试

检测电感器时先进行外观检查,看线圈有无松散,引脚有无折断,线圈是否烧毁或外壳烧焦等现象。用万用表的欧姆挡测量线圈的直流电阻。电感的直流电阻值一般很小,匝数多、线径细的线圈能达几十欧。

对于有中心抽头的变压器,各引脚之间的阻值均很小,仅几欧姆左右。若用万用表 R×10Ω 挡测线圈的直流电阻,阻值无穷大说明线圈已经开路。若阻值比正常值小很多,则说明有局部短路,若阻值为零,说明线圈完全短路。

图 1.7　常见电感、变压器外形图

（五）二极管的识读与测试

1. 二极管的识读

常见二极管的外形图如图 1.8 所示。一般以黑色或白色边线代表负极。发光二极管长脚为正极,短脚负极。

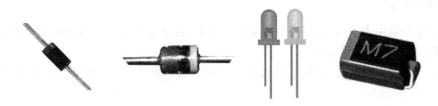

图 1.8　常见二极管外形图

2. 二极管极性的判别

① 将数字万用表置于" ▶—— "挡(红表笔连接内部电池的正极,黑表笔连接内部电池

的负极）。

② 正反各测一次。

③ 一次测得为正向压降，另一次溢出"OL"。

④ 两次中数值小的那次，红表笔所接为正极。

3. 二极管质量判别

二极管若正测和反测时，两次测得的结果都比较小，则说明二极管已被击穿。若两次测得的值都比较大，则二极管开路。

（六）三极管的识读与测试

1. 三极管的识读

常见三极管的外形图如图 1.9 所示。根据器件资料了解三极管 e、b、c 引脚排列。

(a)　　　　　　(b)　　　　　　(c)　　　　　　(d)

图 1.9　常见三极管外形图

2. 三极管管型和电极的判别

（1）判别管型和基极

将数字万用表打到测试二极管挡（蜂鸣挡），如果万用表黑表笔接其中一个引脚，而用红表笔测其他两个引脚都导通有电压显示，那么此三极管为 PNP 型三极管，且黑表笔所接的脚为三极管的基极 B；如果数字万用表红表笔接其中一个引脚，而用黑表笔测其他两个引脚都导通有电压显示，那么此三极管为 NPN 三极管，且红表笔所接的脚为三极管的基极 B。

（2）判别发射极和集电极

已知基极 B 和管型，将数字万用表打到 h_{FE} 挡，未判定的两极分别假设为集电极 C 和发射极 E，将三极管插到数字表面板上的对应管型和引脚检测孔中，读取 h_{FE} 的值，反转三极管，即 B 极不变，交换 C、E 极位置，再测一次 h_{FE} 值。两次测量 h_{FE}，读值大的那次 C、E 极假设正确。

五、问题探究

1. 以 6 个学生为小组，课后查资料寻找电阻器，除了色环标注法外还有其他什么方法，下节课以小组为单位汇报成果。

2. 以 6 个学生为小组，课后查资料寻找电容器有哪些类别，下节课以小组为单位汇报成果。

3. 以 6 个学生为小组，课后查资料寻找晶体管有哪些类别，下节课以小组为单位汇报成果。

六、拓展训练

找些分立元件比较多的电源板，把主板的元器件布局图用电脑画出来，并标识出各个元器件的参数。

任务 1.1.2　电子元器件封装辨认

一、任务目标

能识别常用电子元器件的封装。

二、工作任务

辨认常用电子元器件的封装。

三、任务实施

任务引入：展示一块电路板，上面安装有各类封装的电子元器件。本任务将介绍如何识别各种电子元器件的封装。

通过学习相关知识，完成以下子任务。

> 子任务 1：观察元器件的封装。
>
> **请思考**：什么是元器件的封装？
>
> 子任务 2：识读 PTH 元器件封装。
>
> **请思考**：PTH 二极管、三极管的封装有哪些？
>
> 子任务 3：识读 SMD 分立器件的封装。
>
> **请思考**：SMD 二极管、三极管的封装有哪些？
>
> 子任务 4：识读 SMD 集成电路的封装。
>
> 分发集成电路识读板，识读 8 种封装的集成电路，记录在表 1.9 内。
>
> **请思考**：贴片集成电路的封装有哪些？

表 1.9　集成电路识读记录表

序　号	配件图号	封装类型	引脚数	引脚间距
1	IC1			
2	IC2			
3	IC3			
4	IC4			
5	IC5			
6	IC6			
7	IC7			
8	IC8			

四、相关知识

元器件的封装是指元器件的外形及其尺寸。目前，电子行业中元器件封装形式分为两大类：PTH 元器件（Pin Through Hole）和 SMT 元器件（Surface Mounted Technology），即通孔安装元器件和表面贴装元器件。表面贴装元器件又分为两种，分别是 SMC（Surface Mounted Component）和 SMD（Surface Mounted Device）。

（一）阻容元件

PTH 电阻：AXIAL 封装系列，依据引脚间距分别有 AXIAL0.3、AXIAL0.4 等。

贴片电阻：如前所述 0805、1206 等。

PTH 电容：无极性电容 RAD 封装系列，依据引脚间距分别有 RAD0.1、RAD0.2 等。电解电容 RB 封装系列，依据引脚间距及管体外径尺寸分别有 RB.2/.4、RB.3/.6 等。

贴片电容：同贴片电阻。

（二）晶体管

PTH 二极管：DIODE 封装系列，依据引脚间距分别有 DIODE0.4、DIODE0.3 等。

PTH 三极管：TO 系列，图 1.9(a)所示三极管封装为 TO—92，图 1.9(b)为 TO—220，图 1.9(c)为 TO—3。

SMD 二极管：MELF、SOD 系列等。

SMD 三极管：SOT 封装系列，如图 1.9(d)所示为 SOT—23。

（三）集成电路

集成电路封装主要分为 DIP 双列直插和 SMD 贴片封装两种。从材料介质方面，包括金属、陶瓷、塑料等。具体封装形式介绍如下。

1. DIP/SIP 封装

DIP(Double In-line Package)，即双列直插式封装。引脚从封装两侧引出，封装材料有塑料和陶瓷两种。SIP(Single In-line Package)，即单列直插式封装。

2. SOP

SOP(Small Outline Package)，即小外形封装。SOP 封装技术由 1968—1969 年菲利浦公司开发成功，以后逐渐派生出 SOJ(J 型引脚小外形封装)、TSOP(薄小外形封装)、VSOP(甚小外形封装)、SSOP(缩小型 SOP)、TSSOP(薄的缩小型 SOP)及 SOT(小外形晶体管)、SOIC(小外形集成电路)等。

3. PLCC 封装

PLCC(Plastic Leaded Chip Carrier)，即塑封 J 引线芯片封装。PLCC 封装方式，外形呈正方形，四周都有引脚，外形尺寸比 DIP 封装小得多。

4. TQFP 封装

TQFP(Thin Quad Flat Package)，即薄塑封四方扁平封装。其工艺能有效利用空间，从而降低对印制电路板空间大小的要求。由于缩小了高度和体积，这种封装工艺非常适合对空间要求较高的应用，如 PCMCIA 卡和网络器件。几乎所有 ALTERA 的 CPLD/FPGA 都有 TQFP 封装。

5. PQFP 封装

PQFP(Plastic Quad Flat Package)，即塑封四角扁平封装。PQFP 封装的芯片引脚之间距离很小，引脚很细，一般大规模或超大规模集成电路采用这种封装形式，其引脚数一般都在 100 以上。

6. BGA 封装

BGA(Ball Grid Array Package)，即球栅阵列封装。20 世纪 90 年代随着技术的进步，

芯片集成度不断提高,I/O 引脚数急剧增加,功耗也随之增大,对集成电路封装的要求也更加严格。为了满足发展的需要,BGA 封装开始被应用于生产。

常见集成电路封装形式如图 1.10 所示。

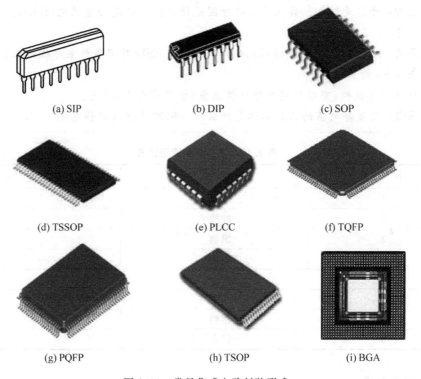

(a) SIP　　　　　　　(b) DIP　　　　　　　(c) SOP

(d) TSSOP　　　　　　(e) PLCC　　　　　　(f) TQFP

(g) PQFP　　　　　　(h) TSOP　　　　　　(i) BGA

图 1.10　常见集成电路封装形式

五、问题探究

以 6 个学生为小组,课后查资料寻找集成电路封装图片,下节课以小组为单位汇报成果。

六、拓展训练

1. 在自己家里找一只旧手机拆出其主板,识读主板上集成电路的封装和数据手册。
2. 通过网络了解集成电路的封装形式及名称。

任务 1.1.3　静电值的测量

一、任务目标

能使用各种静电测量仪。

二、工作任务

使用静电测量仪测量材料静电值。

三、任务实施

任务引入:展示各类材料(纤维、纱线、织物、地毯、纸张、橡胶、塑料、复合板材)及防静电器材。本任务将介绍如何使用静电测量仪测量材料静电值。

通过学习相关知识,完成以下子任务。

子任务 1:了解静电。

请思考:什么是静电?静电产生的原因是什么?什么是静电放电(ESD)?

子任务 2:了解静电释放的危害。

请思考:ESD 对电子设备造成的破坏有哪些?ESD 有哪两种主要破坏机制?

子任务 3:测量静电。

分发材料测试板,完成材料的静电值测量,记录在表 1.10 内。

请思考:测量静电值的仪器名称是什么?如何测量材料的静电值?

表 1.10 材料静电值记录表

序　　号	材　　料	静　电　值
1	纤维	
2	纱线	
3	织物	
4	地毯	
5	纸张	
6	橡胶	
7	塑料	
8	复合板材	

四、相关知识

(一)静电

静电就是静止的电荷。静电的产生是由于电子在外力的作用下,从一个物体转移到另一个物体或者是受外界磁场的影响而产生的极化现象。

静电产生的原因有:摩擦、碰撞、剥离;静电感应;电容改变;压电效应;电磁辐射感应等。我们在日常生活中常见的静电现象,如冬天穿毛衣时所产生的噼啪声,冬天在地毯上行走及接触把手时的触电感,以及大自然中的闪电现象。

在一般工作场所到处都有静电源,这些静电源可归为材料、人员及环境三大类。材料方面,例如塑料袋、纸皮等;人员方面包括身体、衣服、动作等;环境方面包括地板、工作台、座椅等。

(二)静电放电(ESD)

静电放电(ElectroStatic Discharge,ESD),指具有不同静电势的两个物体之间的静电转移,是静电场的能量积累到一定程度后,击穿介质放电的现象。

(三)ESD 对电子设备造成的破坏

ESD 电流产生的场可直接穿透设备,或通过孔洞、缝隙、输入输出电缆等耦合到敏感电路。ESD 电流在系统中流动时,激发路径中所经过的天线,导致产生波长从几厘米到数百米的辐射波,这些辐射能量产生的电磁噪声将损坏电子设备或骚扰它们的运行。

ESD 有两种主要破坏机制：①由于 ESD 电流产生的热量导致器件的热失效；②由于 ESD 高的电压导致绝缘击穿，造成激发更大的电流，造成进一步的热失效。

典型的 ESD 损坏 IC 的图片如图 1.11 所示。ESD 失效可以分为永久失效和暂时失效。如果在静电接触传导放电时产生的电压过高电流过大，有可能会造成器件永久性损坏，如冬天用手接触电路，造成设备损坏而不能继续使用。而在有些情况下，一些较小的电路噪声，导致偶尔出现异常结果，但过后设备并未损坏，这种情况可称为 ESD 暂时失效。

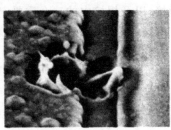

图 1.11 典型的 ESD 损坏 IC 的图片

（四）静电值的测量

测量静电值的仪器为静电测试仪，主要用于实验室条件下测定纺织原料和制成品（含纤维、纱线、织物、地毯、装饰织物）的静电性能，也可用来测定其他片、板状材料如纸张、橡胶、塑料、复合板材等的静电性能。

静电测试仪器主机由电晕放电装置、探头和检测系统组成。利用给定的高压电场，对被测试样定时放电，使试样感应静电，从而进行静电电量大小、静电压半衰期、静电残留量的检测，以确定被测试样的静电性能。

五、问题探究

以 6 个学生为小组，课后查找静电危害的资料，下节课以小组为单位汇报成果。

六、拓展训练

在自己家里找一些材料，用静电测试仪测量其静电值，设计表格并记录测量值。

模块 1.2 通孔元器件的手工插装与焊接

通过本模块的学习你将能够回答以下问题：

1. 什么是焊接？怎样的物质才能够焊接？

2. 助焊剂起什么作用？

3. 电烙铁有哪些种类？

4. 手工焊接的步骤有哪些？

5. 拆焊有什么方法？

通过本模块的学习我们将掌握焊接及焊接的基本条件，了解各种常用焊接工具，掌握使用电烙铁进行通孔插装印制电路板的焊接，能依据 IPC 标准中关于焊点的可接受条件，评价焊点质量，掌握手工拆焊方法及热风枪的使用。

能力目标：能识别焊接物质，能按照 IPC 标准熟练焊接通孔电子元器件；能正确运用《IPC—A—610E》通孔技术部分标准判别焊接质量。

素质目标：培养安全、正确的焊接习惯；培养严谨的做事风格；培养协作意识。

任务 1.2.1 认识焊接和可焊性

一、任务目标

- 能知道什么叫焊接，以及焊接中的一个重要定义——金属间化物。
- 能知道焊接的基本条件，能识别焊接物质。

二、工作任务

- 认识焊接。
- 识别焊接物质。

三、任务实施

任务引入：展示几个浸润良好焊点和不浸润焊点实物和图片。本任务将介绍焊接知识以及可焊性的重要性。

通过学习相关知识，完成以下子任务。

请思考：什么是焊接？什么叫金属间化物？

子任务 1：认识焊接。

请思考：怎样的物质才能够焊接？什么叫浸润？

子任务 2：识别焊接物质。

四、相关知识

（一）焊接

焊接也可称"熔接"，是一种以加热方式接合金属或其他热塑性材料如塑料的制造工艺及技术。

焊接通过下列三种途径达成接合的目的：①加热欲接合之工件使之局部熔化形成熔池，必要时可加入熔填物辅助。②单独以熔填物利用毛细作用连接工件。③在相当于或低于工件熔点的温度下辅以高压、叠合挤塑使两工件间相互渗透接合。

综合上述三种途径焊接又可细分为软焊、硬焊、气焊、电阻焊、电弧焊、感应焊接、锻焊及其他特殊焊接。

1. 硬焊和软焊

硬焊（硬钎焊）和软焊（软钎焊）是以熔点低于欲连接工件之熔填物填充于两工件间，并待其凝固后将二者接合起来的一种接合法。所使用的熔填物熔点在 430℃ 以下者，称为软焊，焊接金属在 430℃ 以上者，称为硬焊。通常以熔填物作为焊接方式名称，常用的硬焊如铜焊，软焊则常用锡焊、铅焊。同时，软钎焊也和硬焊接不同，软钎焊时不需熔化金属工件。在软钎焊过程中，直接在要连接的部分加热，使焊料融化，因着毛细现象而流到接合处，由于浸润作用和工件接合，一般而言，在冷却后，接点的强度会比工件本身的强度低，不过还是有相当的强度、导电性及防水性。

由此可见,电子元件的焊接属于软焊(软钎焊),如无特殊说明,本书以下所指的焊接均为软焊(软钎焊)。

2. 焊点的机械强度

焊接在电子部件的组装中起着电气和机械的连接作用。在原有的插装部件焊接组装中,我们主要考虑的是要得到完好无损的电气连接,因为金属化孔(也叫镀通孔/支撑孔)具有足够的机械强度。而随着 SMT 技术的发展,焊点的机械强度问题也渐渐地变得重要起来,因为大部分元件平贴于电路板表面,其焊接的机械强度全部依赖于焊点本身。可想而知,这时候焊点在担任电气导通的作用,同时,其机械强度也决定了零件的焊接强度和产品可靠性。

焊盘的图形设计以及使用焊料的多少在一定程度上决定了焊点的机械强度。同时,焊接对象本身的可焊性,即元件脚同电路板焊盘之间是否具有可以焊接的表面,以及其焊接的好与坏,同样决定焊点的机械强度。

3. 金属间化物

在焊接的过程中,焊料和焊盘之间、焊料和零件脚之间,形成一种成分复杂的金属间化物,依靠这种新生成的物质以及焊料本身,将零件牢固地固定在电路板上。金属间化物形成的厚度和其本身的物理特性同样决定了焊接的机械强度。

金属间化物(Intermetallic Compound,IMC),又称金属互化物或金属间化合物,其定义为固相金属间化合物拥有两个或两个以上的金属元素,它们的晶体结构有别于一般的分子晶体或离子晶体。许多金属间化合物通常简称合金。金属间化物示意图如图 1.12 所示。

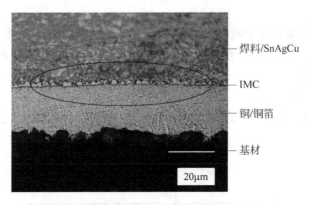

图 1.12　金属间化物示意图

(二)可焊性

"可焊性"的一般定义是易于进行焊接的能力。这个定义同样适用于元件和电路板之间。为了获取良好的焊接品质以及焊接的可靠性,电路板和元件必须要有很好的可焊性。

可焊性的三种基本状态、机理是浸润、不浸润和反浸润。

(三)浸润和不浸润

1. 定义

浸润是指液体与固体发生接触时,液体附着在固体表面或渗透到固体内部的现象,此时对该固体而言,该液体叫做浸润液体。图 1.13 所示是一滴纯水在清洁玻璃板表面的浸润现象。

不浸润是指液体与固体发生接触时,液体不附着在固体表面且不渗透到固体内部的现象,此时对该固体而言,该液体叫做不浸润液体。图 1.14 所示是一滴纯水在清洁的黄铜板表面的不浸润现象。

图 1.13　纯水在清洁玻璃板表面的浸润现象　　　图 1.14　纯水在清洁黄铜板表面的不浸润现象

2. 浸润与不浸润现象产生的原因

浸润与不浸润现象产生的原因可以用分子力作用解释。当液体与固体接触时,在接触处形成一个液体薄层,这个液体薄层叫做附着层。附着层内部的分子同时受到液体分子和固体分子的吸引。

如果固体分子对液体分子的引力大于液体分子之间的引力,那么附着层的分子密度将会大于液体的分子密度,此时附着层内的分子相互作用表现为斥力,液面呈现扩散的趋势,便形成了浸润现象。

如果固体分子对液体分子的引力小于液体分子之间的引力,那么附着层的分子密度将会小于液体的分子密度,此时附着层内的分子相互作用表现为引力,液面呈现收缩的趋势,便形成了不浸润现象。

3. 浸润与不浸润判别方法

判断是否浸润可以从液体和固体表面的接触角来判别。浸润角示意图如图 1.15 所示。θ 为浸润角。

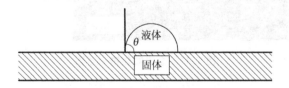

图 1.15　浸润角示意图

浸润:$0° \leqslant \theta \leqslant 90°$

不浸润:$90° < \theta < 180°$

在焊接中,焊接期间的浸润作用发生主要在铜和锡的接触面上,这种浸润作用的反应产物是铜—锡金属间化物 Cu_3Sn(与铜相近)和 Cu_6Sn_5(与锡相近)。同时,反应必须迅速发生,以保证形成良好的焊点。

同样在焊接过程中的浸润程度也可以用焊料在焊盘/元件脚上的接触角来判断。两个表面的接触角比较小意味着有较好的焊接强度。

图 1.16 是一张焊接良好的焊点示意图,浸润角 θ 小于 90°,在焊接的元件脚和焊盘的接触面处形成良好的羽状角,整个焊点的外形剖面图如同弯月状,这种形状是良好焊点的重要特征。

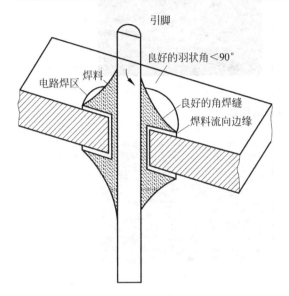

图 1.16 良好焊点示意图

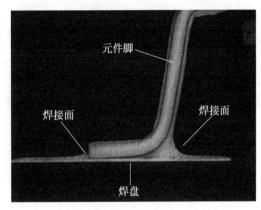

图 1.17 良好焊点切片图

图 1.17 是实际焊接中焊接良好焊点切片图。

可以看到,焊锡和焊盘之间、焊锡和元件脚之间的焊接面,均呈现弯月状外形,这是焊接良好的焊点的一个重要标志。

4. 反浸润

反浸润,俗称缩锡,是指由于焊料后退引起的不规则焊料堆。反浸润很难被识别,因为大部分反浸润发生时,焊盘/元件脚的部分被焊料良好浸润;而在同一个焊盘/元件脚的另一些部分,焊盘基材却又暴露出来。也就是说,同一个焊盘或元件脚的部分焊接良好,而另一部分焊接出现了问题。

一般的,反浸润是由于在焊接期间,焊接面或焊料本身有气体逸出。这些气体可能来源于电镀的引脚或电路板生产工艺中的有机物受热分解,这些释放的气体在焊接过程中形成了空洞,而这种空洞常常保持反浸润的状态,妨碍了焊点的完整性。

更严重的情况是,在电镀或电路板生产工艺中的有机物足够多,则释放出来的气体有可能覆盖整个焊盘,从而使整个焊盘处于不浸润状态。这个问题不能靠延长焊接时间、提高焊接温度或使用活性更好的助焊剂来解决。相反的,由于逸出的气体更多,问题更严重。

由于焊料后退,无法覆盖整个焊盘/原件脚,将影响到焊点的机械强度和可靠性;另外,反浸润还会在焊点内形成针眼或空洞,在这些区域将会是焊点的应力集中点,同样会极大的影响焊点的机械强度和可靠性。虽然反浸润不是形成焊点内针眼或空洞的唯一原因,但是这将使得问题变得复杂化。图 1.18 所示为典型的反浸润的照片。图 1.19 是反浸润微观照片。从微观来看,让我们进一步理解所谓"空洞"的含义。

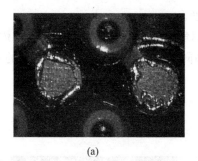 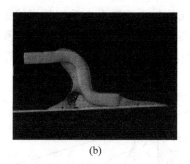

(a)　　　　　　　　　　　　　　　　(b)

图 1.18　反浸润现象

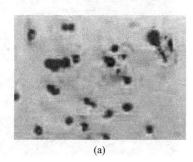 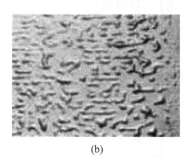

(a)　　　　　　　　　　　　　　　　(b)

图 1.19　反浸润微观照片

5.焊接面的清洁对焊接的影响

焊接表面贴装器件或者通常的通孔焊接器件时,待焊接元件脚和电路板焊盘的表面清洁度对焊接的结果有着至关重要的影响。空气中的粉尘、金属的氧化物、运输、保存过程中的接触式污染,这些物质一般来说本身都是同焊盘和焊料不浸润的物质,当产品焊接面被这些物质所污染,就一定会影响到焊点的追踪可靠性,甚至在严重时会造成焊盘、焊料不浸润的情况发生。从焊接角度来讲,焊接面的清洁最严重的情况就是发生焊接面"拒焊"、不浸润的状况。

对于一般工厂做大批量生产时,如果发生产品焊接不浸润的情况,会影响到产品的品质,但是这种状况是比较容易被工厂内部检测环节所侦测到的。如果发生焊点的可靠性问题,这种问题往往难以在工厂内部的检测环节中侦测到,从而流出工厂,在经过运输、销售环节和在用户的使用过程中,可能会因为焊点的可靠性不好而出现产品质量问题。

为了保证产品的焊接质量,首先要做到焊接时周边环境要清洁整齐。改善工作环境,改变工作面貌,节省成本,增加产品可靠性等。针对这些要求,全球制造业有一个一般性的管理方法,叫"5S 管理"。

五、问题探究

学生课后自行查阅学习"5S"的相关知识,并回答如下问题:

(1)"5S"是指哪 5 个"S"?

(2)"5S"中哪一个"S"是最重要的,同时也是"5S"管理的精华之所在?

(3)"5S"管理对你有怎样的启示?

任务 1.2.2　元器件预处理

一、任务目标

能正确预处理电子元器件。

二、工作任务

- 手工成形电子元器件。
- 手工插装电子元器件。

三、任务实施

任务引入：展示一块焊点良好的电路板，上面安装有电阻、电位器、电容器、电感器、变压器、二极管、三极管等常见元器件。本任务将介绍如何手工预处理元器件。

通过学习相关知识，完成以下子任务。

子任务 1：成形电子元器件。

请思考：元器件引线成形的技术要求有哪些？元器件引线成形的方法有哪些？

子任务 2：插装电子元器件。

请思考：元器件卧式插装形式有哪些？元器件垂直式插装形式有哪些？

分发若干电子元器件，按要求对元器件进行预处理，并记录在表 1.11 中。

表 1.11　元器件预处理记录表

序　号	元器件名	成形形状	成形质量	插装质量
1				
2				
3				
4				
5				
6				
7				

四、相关知识

（一）元器件引线成形

引线成形工艺就是根据焊点之间的距离，将引线做成需要的形状，目的是使它能迅速而准确地插入孔内。各种引线成形方式如图 1.20 所示。

元器件引线成形的技术要求：①引线成形后，元器件本体不应产生破裂，表面封装不应损坏，引线弯曲部分不允许出现模印裂纹。②引线成形后其标称值应处于查看方便的位置，一般应位于元器件的上表面或外表面。

元器件引线成形的方法：①使用专用工具和成形模具、成形机成形。②使用尖嘴钳或镊子手工成形。

（二）元器件的插装形式

元器件的插装形式可分为卧式插装、垂直插装。

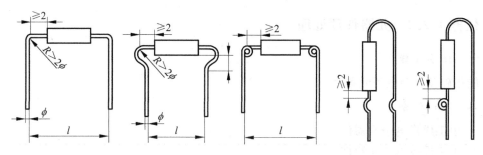

图 1.20 引线成形方式图

1. 卧式插装

卧式插装是将元器件紧贴在印制电路板的板面水平放置，元器件与印制电路板之间的距离可视具体要求而定。卧式插装又分为贴板安装和悬空安装。

① 贴板安装。如图 1.21(a)所示，元器件贴紧印制电路板板面且安装距离小于 1mm，如为金属外壳则应加垫，适用于防振产品。

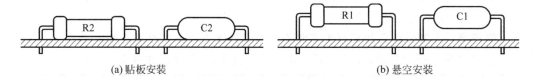

(a)贴板安装   (b)悬空安装

图 1.21 卧式插装示意图

② 悬空安装。如图 1.21(b)所示，距印制电路板板面有一定高度，安装距离一般在 3～8mm，适用于发热元器件的安装。

卧式插装的优点是元器件的重心低，比较牢固稳定，振动时不易脱落，更换时比较方便。由于元器件是水平放置的，故节约了垂直空间。

2. 垂直插装

如图 1.22 所示，垂直安装是垂直于印制电路板的安装，也叫立式插装，适用于安装密度较高的场合，但重量大且引线细的元器件不宜采用。

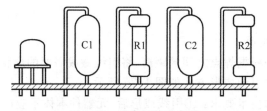

图 1.22 垂直插装示意图

垂直插装的优点是插装密度大，占用印制电路板的面积小，插装与拆卸都比较方便。

（三）《IPC—A—610E(电子组件的可接受性)》标准——通孔元器件的安放

IPC—A—610 是电子组件的可接受性标准，主要是电子组件的验收要求，目前最新版本是 E 版本。现就通孔元器件的部分安放标准摘录如下。

1. 轴向元器件水平安装

① 目标－1,2,3 级(见图 1.23),条件为:

· 元器件位于其焊盘的中间。

· 元器件标记可辨识。

· 无极性元器件按照标记同向读取(从左至右或从上至下)的原则定向。

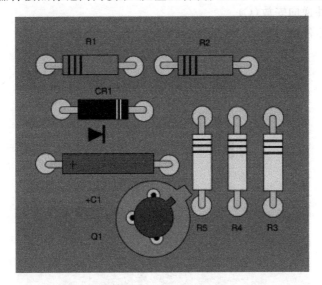

图 1.23　轴向元器件水平安装目标－1,2,3 级

② 可接受－ 1,2,3 级(见图 1.24)。条件为:

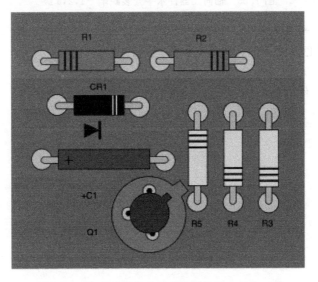

图 1.24　轴向元器件水平安装可接受－1,2,3 级

· 极性元器件和多引线元器件定向正确。

· 手工成形和手工插装时,极性标识符可辨识。

- 所有元器件按规定选用,并安放到正确的焊盘上。
- 无极性元器件没有按照标记同向读取(从左至右或从上至下)的原则定向。

③ 缺陷—1,2,3级(见图1.25)。表现为:

- 未按规定选用正确的元器件(错件)(A)。
- 元器件没有安装在正确的孔内(B)。
- 极性元器件逆向安放(C)。
- 多引线元器件取向错误(D)。

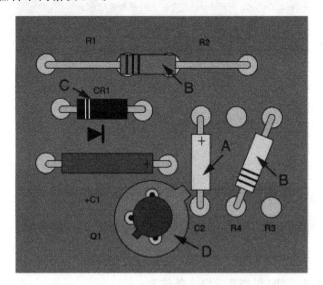

图1.25 轴向元器件水平安装缺陷—1,2,3级

2. 轴向元器件垂直安装

印在电容器黑色外壳上的箭头指向元器件的负极。

① 目标—1,2,3级(见图1.26)。条件为:

- 无极性元器件的标识从上至下读取。
- 极性标识位于顶部。

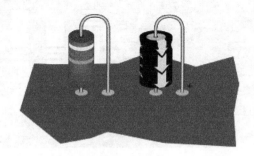

图1.26 轴向元器件垂直安装目标—1,2,3级

② 可接受—1,2,3级(见图1.27)。条件为:

- 极性元器件负极引线长。

- 极性符号隐藏。
- 无极性元器件的标识从下向上读取。

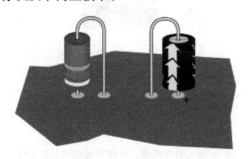

图 1.27 轴向元器件垂直安装可接受－1,2,3 级

③ 缺陷－1,2,3 级(见图 1.28)。表现为：极性元器件逆向安装。

图 1.28 轴向元器件垂直安装缺陷－1,2,3 级

3. 引线成形—弯曲

元器件引线内弯半径满足表 1.12 的要求。

表 1.12 引线内弯半径

引线直径(D)或厚度(T)	最小内弯半径(R)
＜ 0.8mm[0.031in]	1 倍 D/T
0.8mm[0.031in]至 1.2 mm[0.0472in]	1.5 倍 D/T
＞ 1.2 mm[0.0472in]	2 倍 D/T

① 可接受－1,2,3 级(见图 1.29)。条件为：元器件引线内弯半径满足表 1.12 的要求。圆形引脚采用引线直径 D,矩形引线采用厚度 T。

② 可接受－1 级、制程警示－2 级和缺陷－3 级。条件为：内弯半径不满足表 1.12 的要求(见图 1.30)。

③ 缺陷－1,2,3 级(见图 1.31)。表现为：引线扭折。

4. 引线成形—损伤

引线无论是通过人工,还是通过机器或模具成形,这些要求均适用。

① 可接受－1,2,3 级(见图 1.32)。条件为：元器件引线没有超过其直径、宽度或厚度的 10% 的刻痕或变形。

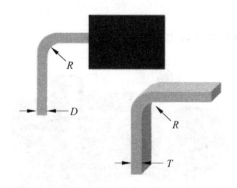

图 1.29　引线成形：弯曲可接受－1,2,3 级

图 1.30　引线成形：弯曲可接受－1 级、制程警示－2 级、缺陷－3 级

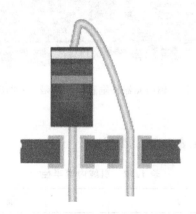

图 1.31　引线成形：弯曲缺陷－1,2,3 级

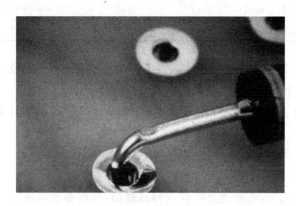

图 1.32　引线成形：损伤可接受－1,2,3 级

② 缺陷－1,2,3 级(见图 1.33(a))。表现为：

• 引线的损伤超过了引线直径或厚度的 10%。

• 引线由于多次或粗心弯曲产生变形。

(a)　　　　　　　　　　　　　　　　　(b)

图 1.33　引线成形：损伤缺陷－1,2,3 级

③ 缺陷－1,2,3 级(见图 1.33(b))。表现为：

• 严重的凹痕,如锯齿状的钳子夹痕。

• 引线直径减少了 10% 以上。

5. DIP/SIP 器件和插座

① 目标－1,2,3 级(见图 1.34)。条件为：

• 所有引线上的支撑肩紧靠焊盘。

• 引线伸出长度满足要求。

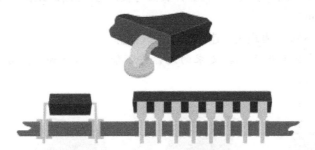

图 1.34　DIP/SIP 器件和插座安装目标－1,2,3 级

② 可接受－1,2,3 级(见图 1.35)。条件为：元器件的倾斜限制在引线最小伸出长度和高度要求范围内。

图 1.35　DIP/SIP 器件和插座安装可接受－1,2,3 级

③ 缺陷－1,2,3 级(见图 1.36)。表现为：

• 元器件的倾斜超出元器件最大高度限制。

• 由于元器件倾斜使引线伸出不满足验收要求。

图 1.36　DIP/SIP 器件和插座缺陷－1,2,3 级

6. 径向引线垂直安装

① 目标－1,2,3 级（见图 1.37）。条件为：

• 元器件与板面垂直,其底面与板面平行。

• 元器件底面与板面/盘之间的间隙在 0.3mm[0.012in]到 2mm[0.079in]之间。

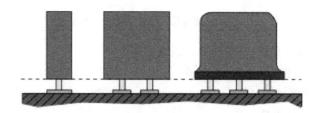

图 1.37　径向引线垂直安装目标－1,2,3 级

② 可接受－1,2,3 级。条件为：元器件倾斜不违反最小电气间隙(C)。

③ 制程警示－2,3 级。表现为：元器件底面与板面/盘之间的距离小于 0.3mm[0.012in]或大于 2mm[0.079in]。

④ 缺陷－1,2,3 级。表现为：违反最小电气间隙。

注：有些与外壳或面板有配接要求的元器件不能倾斜,例如：拨动开关、电位计、LCD 和 LED 等（见图 1.38）。

图 1.38　径向引线垂直安装可接受－1,2,3 级、制程警示－2,3 级、缺陷－1,2,3 级

7. 径向引线水平安装

① 目标－1,2,3 级（见图 1.39）。条件为：元器件本体平贴接触板面。

② 可接受－1,2,3 级（见图 1.40）。条件为：元器件至少有一边和/或一面接触板子。

注：如果在经核准的组装图纸上指明,元器件可以侧面或端面放置。元器件本体需要用粘接或其他方式固定在板面以防止振动和冲击力施加到板上时造成损伤。

图 1.39　径向引线水平安装目标－1,2,3 级

图 1.40　径向引线水平安装可接受－1,2,3 级

③ 缺陷－1,2,3 级(见图 1.41)。表现为：

- 未经粘接固定的元器件本体没有接触安装表面。
- 要求时,粘接材料没有出现。

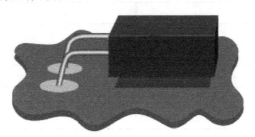

图 1.41　径向引线水平安装缺陷－1,2,3 级

五、问题探究

1. 以 6 个学生为小组,课后查资料寻找元器件成形还有其他什么方法,下节课以小组为单位汇报成果。

2. 以 6 个学生为小组,课后查资料元器件预处理工艺还有哪些,下节课以小组为单位汇报成果。

六、拓展训练

去电子市场考察实现元器件预处理的工具。

任务 1.2.3　手工焊接通孔元器件

一、任务目标

能按照 IPC 标准熟练焊接通孔电子元器件。

二、工作任务

手工焊接电子元器件。

三、任务实施

任务引入：展示一块焊点良好的电路板，上面安装有电阻、电位器、电容器、电感器、变压器、二极管、三极管等常见元器件。本任务将介绍如何手工焊接通孔电子元器件。

通过学习相关知识，完成以下子任务。

子任务：手工焊接元器件。

请思考：电烙铁有哪几种握法？正确的焊接姿势是怎样的？手工焊接五步焊法是怎样的？焊接要领有哪些？

根据工艺要求将常用电子元器件安装在通孔实训板上指定的位置，记录在表 1.13 中。

表 1.13　电子元器件手工焊接记录表

元　器　件	安　装　位　置	安　装　定　位	焊　点　质　量
电阻			
电容			
二极管			
三极管			
散热器			
发光二极管			
电位器			
集成电路			
排阻			
晶振			
连接器			
插针			
总分			

四、相关知识

（一）手工焊接操作姿势

焊接时应保持正确的姿势。一般烙铁头的顶端距操作者鼻尖部位至少要保持 20cm 以上，通常为 40cm，以免助焊剂受热挥发出的有害化学气体进入人体。同时要挺胸端坐，不要躬身操作，并要保持室内空气流通。

电烙铁的握法一般有正握法、反握法、执笔法三种。正握法适用于中等功率电烙铁或带弯头电烙铁的操作。反握法动作稳定，长时间操作不易疲劳，适用于大功率电烙铁的操作。

执笔法用于小功率电烙铁在操作台上焊接印制电路板上的元器件等焊件。

（二）手工焊接操作步骤

焊接操作一般分为准备施焊、加热焊件、熔化焊料、移开焊锡丝、移开电烙铁五步，称为"五步法"，如图 1.42 所示。

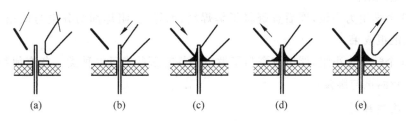

图 1.42 手工焊接五步法

1. 准备施焊

将焊接所需材料、工具准备好，如焊锡丝、松香助焊剂、电烙铁及烙铁架、吸焊器等。烙铁架应该在其底座部分有一个或两个槽（用于放吸锡海绵）的专用架子，而并不是随便的架子，这样可以随时擦拭烙铁尖，方便使用。吸焊器可以帮你把电路板上多余的焊锡处理掉。

在焊接时，要实时地确认吸锡海绵的湿润度是否合适。使用海绵是为了去除掉烙铁上的杂质及多余的锡浆。海绵过干容易被烫破；太湿会使烙铁头温度降得过低，焊锡不便去除。判断吸锡海绵的湿润度的方法是：用手指按海绵时有水流出，而当手指放开时水分被完全吸收到海绵内，这就说明吸锡海绵的湿润度正合适。

焊接前对烙铁头进行检查，查看其是否能正常吃锡。同时也要检查被焊元件的零件脚和被焊电路板的焊盘，如果有氧化发黑的现象，需要用砂纸做打磨，将氧化发黑的氧化物磨掉。

2. 加热焊件

加热焊件就是将预上锡的烙铁头放在焊点上，使焊件的温度上升。烙铁头放在焊点上时应注意其位置应能同时加热焊件与铜箔，并要尽可能地加大与焊件的接触面，以缩短加热时间，保护铜箔不被烫坏。

3. 熔化焊料

待焊件加热到一定温度后，将焊锡丝放到焊件和铜箔的交界面上，使焊锡丝熔化并浸润焊点。

4. 移开焊锡丝

当焊点上的焊锡已将焊点浸湿时，要及时撤离焊锡丝，以保证焊锡不会太多，从而获得较好的焊点。

5. 移开电烙铁

移开焊锡丝后，待焊锡全部润湿焊点，并且松香助焊剂还未完全挥发时，及时迅速地移开电烙铁，否则会影响焊点的质量和外观。如果移开烙铁后发现焊点有拉尖的现象，说明烙铁移开的时机太晚，松香助焊剂已经挥发殆尽。为了修复这样的不良现象，需要：①将烙铁头在湿润的海绵上清洁干净；②用清洁后的烙铁重新给焊点加热；③在烙铁给焊点加热的同时，给焊点略微增加一点锡丝；④待焊点熔化后，立刻移开烙铁。

五、问题探究

1. 以 6 个学生为小组,课后查资料了解电烙铁正握法、反握法的应用场合,下节课以小组为单位汇报成果。

2. 以 6 个学生为小组,课后查资料了解焊料、助焊剂、阻焊剂的分类与使用,下节课以小组为单位汇报成果。

3. 以 6 个学生为小组,课后查资料了解电烙铁有哪些常见的种类? 各有何特点? 如何对电烙铁进行测试与维修?

六、拓展训练

熟练焊接练习,完成多块通孔元器件焊接训练板。

任务 1.2.4 焊点质量检查

一、任务目标

能正确运用《IPC—A—610E》通孔技术部分标准判别焊接质量。

二、工作任务

使用放大镜,检查焊点的质量。

三、任务实施

任务引入:展示一块焊点良好的电路板,上面安装有电阻、电位器、电容、电感器、变压器、二极管、三极管等常见元器件。本任务将介绍如何运用《IPC—A—610E》通孔技术部分标准判别焊接质量。

通过学习相关知识,完成以下子任务。

子任务 1:判别焊接质量。

请思考:良好焊点的质量要求是怎样的?

根据《IPC—A—610E》通孔技术部分标准判别电路板焊接质量,并记录在表 1.13 中。

子任务 2:判别焊接缺陷。

请思考:常见的焊接缺陷有哪些? 不良焊点形成的原因是什么?

指出已焊接过的电路板上的焊接缺陷。

四、相关知识

(一)焊点质量要求

焊接结束用带照明灯的 2～5 倍放大镜对焊点进行外观检查。焊点质量的好坏,将直接影响整机的性能指标。对焊点的基本质量要求有下列几个方面:

① 电气接触良好。良好的焊点应该具有可靠的电气连接性能,不允许出现虚焊、桥接等现象。

② 机械强度可靠。保证使用过程中不会因为正常的振动而导致焊点脱落。

③ 外观美观。焊点应明亮、清洁、平滑,焊锡量适中并呈裙状拉开,焊锡与焊件之间没有明显的分界。焊点不应有毛刺和空隙。

（二）焊接缺陷

1. 焊锡过多

焊锡过多现象如图 1.43 所示。

（1）造成原因

① 焊接时锡丝使用过多。

② 烙铁头的尺寸运用不正确。

③ 锡丝尺寸运用不正确。

（2）解决方法

① 修正时烙铁头适量加锡。

② 选择合适的烙铁头。

③ 选择合适直径的锡丝。

2. 焊锡过少

焊锡过少现象如图 1.44 所示。

图 1.43　焊锡过多

图 1.44　焊锡过少

（1）造成原因

① 修正时被烙铁头带走的锡量过多。

② 烙铁头尺寸偏小。

③ 烙铁头加锡量不足。

（2）解决方法

① 修整完成后烙铁头以 45°角向上离开。

② 更换合适的烙铁头。

③ 修正时烙铁头适当加锡。

3. 焊盘起翘

焊盘起翘现象如图 1.45 所示。

（1）造成原因

① 使用烙铁焊接时用力过大。

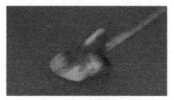
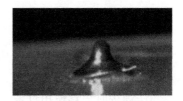

图 1.45　焊盘翘起

② 修整时烙铁在焊盘停留时间过长。

③ 烙铁温度设定过高。

（2）解决方法

① 修整时要保持轻松的状态。

② 停留时间不可以超过 3 秒钟。

③ 检查烙铁设定温度。

4. 桥接

桥接现象如图 1.46 所示。

（1）造成原因

① 烙铁头尺寸过大。

② 锡丝尺寸过粗。

③ 焊接时间过长，烙铁撤离方向不正确。

（2）解决方法

① 选择合适的烙铁头。

② 选择合适直径的锡丝。

③ 用烙铁带走焊锡，修整完成后烙铁头以 45°角向上离开。

5. 空洞

空洞现象如图 1.47 所示。

（1）造成原因

① 由于焊盘的插件孔太大、焊料不足，致使焊料没有全部填满插件孔。

② 焊盘加热不均匀，焊锡丝内助焊剂挥发不均匀。

图 1.46　桥接　　　　　　　　　　　　　图 1.47　空洞

（2）解决方法

① 用烙铁修正。

② 加适量焊锡重新补焊。

（三）支撑孔与非支撑孔

1. 支撑孔

英文为 Supported Holes，在某些技术资料中也写成 Plating Through Hole，简称 PTH，是指在 PCB 上的金属化通孔，这种通孔在孔壁上有铜，PCB 通孔切片如图 1.48 所示，黄色高亮的部分是铜，暗色的部分是板子的基材，正确的通孔铜应该均匀地分布。

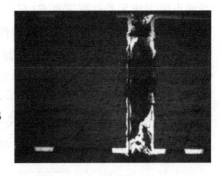

图 1.48　PCB 通孔切片图

2. 非支撑孔

英文为 Unsupported Holes，在某些技术资料中也写成 Non Plating Through Hole，简称 NPTH，是指孔壁上没有铜的通孔，这种孔对零件的脚成形有特殊的要求，如图 1.49 所示。图 1.49(a)中①所示孔内壁无镀层，②所示引脚弯折，整个元件体接触板面。图 1.49(b)所示离开板面安装的元件，与板面至少相距 1.5cm，在靠近板面处提供了引脚成形或其他机械支撑以防止焊盘翘起。

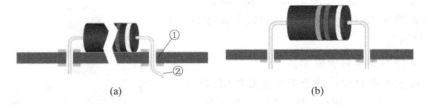

(a)　　　　　　　　　　(b)

图 1.49　非支撑孔轴向引脚示意图

3.《IPC—A—610E》标准——支撑孔

（1）支撑孔轴向引线水平安装

① 目标 —1,2,3 级（见图 1.50）。条件为：

• 整个元器件本体接触板面。

• 要求离开板面安装的元器件，与板面至少相距 1.5mm[0.059in]，如：高发热元器件。

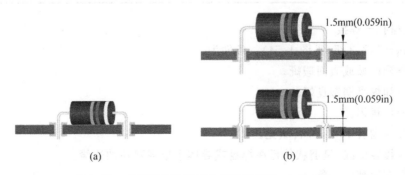

(a)　　　　　　　　　　(b)

图 1.50　支撑孔轴向引线水平安装目标—1,2,3 级

② 可接受－1,2 级(见图 1.51)。条件为：元器件本体与板面的最大间隙(C)没有违反引线伸出要求或元器件高度要求(H)。(H)是一个由用户规定的尺寸。

③ 可接受－3 级。条件为：元器件本体与板面的间隙(C)不超过 0.7mm[0.028in]。

④ 制程警示－3 级。表现为：元器件本体与板面的最远距离(D)大于 0.7mm[0.028in]。

⑤ 缺陷－3 级。表现为：元器件本体与板面的距离(D)大于 1.5mm[0.059in]。

⑥ 缺陷－1,2,3 级。表现为：

• 元器件高度超过用户规定的尺寸(H)。

• 要求离开板面安装的元器件,与板面相距不到 1.5mm[0.059in](C)。

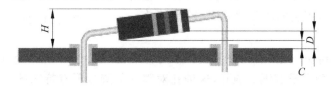

图 1.51　支撑孔轴向引线水平安装可接受－1,2 级、制程警示－3 级、缺陷－1,2 级

(2) 支撑孔轴向引线垂直安装

① 目标－1,2,3 级(见图 1.52)。条件为：

• 元器件本体或熔接珠与焊盘之间的间隙(C)为 1mm[0.039in]。

• 元器件本体垂直于板子。

• 总高度不超过设计规定的最大高度值(H)。

② 可接受－1,2,3 级(见图 1.53)。条件为：

• 元器件本体或熔接珠与焊盘之间的间隙(C)满足表 1.14 的要求。

• 元器件引线的角度不会导致违反最小电气间隙。

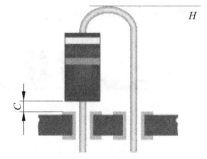

图 1.52　支撑孔轴向引线垂直安装目标－1,2,3 级

表 1.14　元器件与焊盘之间的间隙

	1 级	2 级	3 级
C(最小)	0.1mm[0.0039in]	0.4mm[0.016in]	0.8mm[0.031in]
C(最大)	6mm[0.24in]	3mm[0.12in]	1.5mm[0.059in]

(3) 支撑孔－焊接

① 目标－1,2,3 级(见图 1.54)。条件为：

• 无空洞区域或表面瑕疵。

• 引线和焊盘润湿良好。

• 引线可辨识。

• 引线周围有 100% 焊料填充。

• 焊料覆盖引线,呈羽状外延在焊盘或导体上形成薄薄的边缘。

• 无填充起翘的迹象。

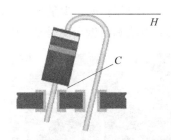

图 1.53　支撑孔轴向引线垂直安装可接受－1,2,3 级

图 1.54　支撑孔焊接目标－1,2,3 级

②　可接受－1,2,3 级(见图 1.55)。条件为：焊料内的引线形状可辨识。

③　可接受－1 级(见图 1.56)。

④　制程警示－2,3 级。表现为：填充表面外凸,由于焊料过多致使引线形状不可辨识,只要在主面可确定引线位于通孔中。

图 1.55　支撑孔焊接可接受－1,2,3 级

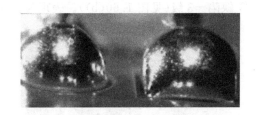

图 1.56　支撑孔焊接可接受－1 级、制程警示－2,3 级

⑤　缺陷－1,2,3 级(见图 1.57)。

- 由于引线弯离正常位置导致引线不可辨识。
- 焊料没有润湿引线或焊盘。
- 焊料覆盖不符合要求。

(4)支撑孔—焊接—引线到孔壁

①　目标－1,2,3 级(见图 1.58)。目标条件为：引线和孔壁呈现 360°的润湿。

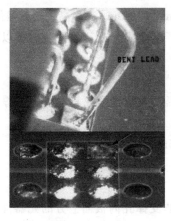

图 1.57　支撑孔焊接缺陷－1,2,3 级

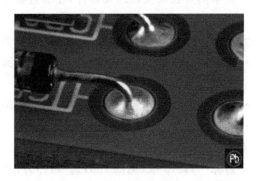

图 1.58　支撑孔焊接引线到孔壁目标－1,2,3 级

② 可接受－2 级（见图 1.59(a)）。可接受条件为：引线和孔壁至少呈现 180°的润湿。

③ 可接受－3 级（见图 1.59(b)）。可接受条件为：引线和孔壁至少呈现 270°的润湿。

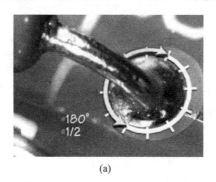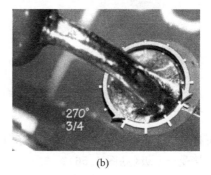

(a)　　　　　　　　　　　　(b)

图 1.59　支撑孔焊接引线到孔壁可接受－2,3 级

④ 缺陷－2 级（见图 1.60(a)）。表现为：引线或孔壁润湿小于 180°。

⑤ 缺陷－3 级（见图 1.60(b)）。表现为：引线或孔壁润湿小于 270°。

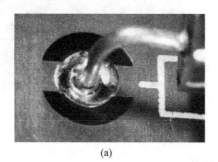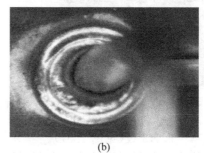

(a)　　　　　　　　　　　　(b)

图 1.60　支撑孔焊接引线到孔壁缺陷－2,3 级

（5）非支撑孔轴向引线水平安装

① 目标－1,2,3 级（见图 1.49(a)）。条件为：

• 整个元器件本体接触板面。

• 要求离开板面安装的元器件，与板面至少相距 1.5mm[0.059in]，如：高发热元器件。

• 要求离开板面安装的元器件，在靠近板面处提供了引线成形或其他机械支撑以防止焊盘翘起。

② 缺陷－1,2,3 级（见图 1.49(b)）。表现为：

• 要求离开板面安装的元器件，在靠近板面处没有提供引线成形或其他机械支撑来防止焊盘翘起。

• 要求离开板面安装的元器件，与板面相距不到 1.5mm[0.059in]。

• 元器件高度超过用户规定的尺寸。

（6）非支撑孔轴向引线垂直安装

① 目标－1,2,3 级（见图 1.61）。条件为：为安装在非支撑孔内板面上方的元器件提供引线成形或其他机械支撑以防止焊盘翘起。

② 缺陷-1,2,3 级（见图 1.62）。表现为：安装在非支撑孔内板面上方的元器件引线没有成形或没有采用其他机械支撑。

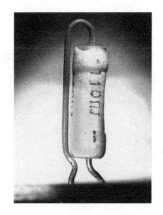

图 1.61　非支撑孔轴向引线垂直
安装目标-1,2,3 级

图 1.62　非支撑孔轴向引线垂直
安装缺陷-1,2,3 级

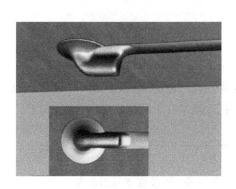

图 1.63　非支撑孔焊接目标-1,2,3 级

（7）非支撑孔—焊接

① 目标-1,2,3 级（见图 1.63）。条件为：

- 焊接端子（焊盘和引线）被润湿的焊料覆盖，且焊料填充内的引线轮廓可辨识。
- 无空洞区域或表面瑕疵。
- 引线和焊盘润湿良好。
- 引线弯折。
- 引线周围有 100% 的焊料填充。

② 可接受-1,2,3 级。条件为：辅面焊盘至少 75% 的面积有润湿的焊料覆盖。

③ 缺陷-1,2 级（见图 1.64(a)）。表现为：

- 直插端子焊接连接不满足最少 270° 的环绕填充或润湿要求。
- 焊盘覆盖不足 75%。

④ 缺陷-3 级（见图 1.64(b)）。表现为：

- 焊接连接不满足最少 330° 的环绕填充或润湿要求。

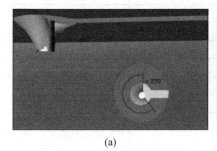

(a)

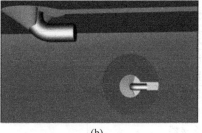

(b)

图 1.64　非支撑孔焊接缺陷-1,2,3 级

- 引线未弯折(未图示)。
- 引线弯折部位未被润湿。
- 焊盘区域覆盖不足 75%。

五、问题探究

1. 以 6 个学生为小组,课后查资料了解检查焊点的工具,下节课以小组为单位汇报成果。

2. 以 6 个学生为小组,课后查资料了解《IPC—A—610E》通孔技术部分标准,下节课以小组为单位汇报成果。

六、拓展训练

以 6 个学生为小组,相互评价已焊电路板的焊点质量。

任务 1.2.5 拆焊

一、任务目标

能正确运用《IPC—A—610E》通孔技术部分标准拆焊电子元器件。

二、工作任务

手工拆焊电子元器件。

三、任务实施

任务引入:展示一块电路板,上面的电阻、电位器、电容、电感器、变压器、二极管、三极管等常见元器件已经拆焊完毕。本任务将介绍如何手工拆焊电子元器件。

通过学习相关知识,完成以下子任务。

> 子任务:拆除通孔焊接实训板上的元器件。
>
> 将已焊接好的通孔焊接实训板上的元器件按要求拆除,记录在表 1.15 内。
>
> **请思考:**手工拆焊的基本方法有哪些? 怎么操作? 你所使用的手工拆焊工具有哪些?

表 1.15 电子元器件手工焊接记录表

元 器 件	拆除后的元器件形状是否改变	拆 焊 质 量
电阻		
电容		
二极管		
三极管		
发光二极管		
电位器		
排阻		
集成电路		
晶振		
连接器		
总分		

四、相关知识

在调试或维修电子产品过程中,经常需要将焊接在印制电路板上的元器件拆卸下来,这个拆卸的过程就是拆焊。

常用的拆焊方法有分点拆焊法、集中拆焊法和断线拆焊法。

(1)分点拆焊法

逐个对焊点进行拆除,具体方法如图1.65所示。将印制电路板竖起来夹住,一边用电烙铁加热待拆元器件的焊点,一边用镊子或尖嘴钳夹住元器件引线轻轻拉出。重新焊接时需要锥子将插件孔在加热熔化焊锡的情况下扎通。

(2)集中拆焊法

同时对多个焊点进行拆除,可采用多种工具进行拆除。

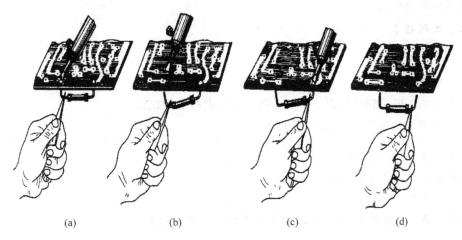

图1.65　分点拆焊示意图

多焊点元件的拆焊要借助工具,手工拆焊经常使用的是吸锡枪,如图1.66所示。吸锡枪的使用注意事项:

① 要确保吸锡器活塞密封良好。通电前,用手指堵住吸锡器头的小孔,按下按钮,如活塞不易弹出到位,说明密封是好的。

② 吸锡器头的孔径有不同尺寸,要选择合适的规格使用。

③ 吸锡器头用旧后,要适时更换新的。

④ 接触焊点以前,每次都蘸一点松香,改善焊锡的流动性。

图1.66　借助吸锡枪的拆焊

⑤ 头部接触焊点的时间稍长些,当焊锡融化后,按动吸锡器按钮。

(3)断线拆焊法

断线拆焊法是把引线剪断后再进行拆焊,适用于已损坏的元器件的拆焊。

五、问题探究

以 6 个学生为小组,课后查资料了解拆焊还有什么方法,下节课以小组为单位汇报成果。

六、拓展训练

1. 找一只旧手机拆出其主板,把主板的元器件用烙铁将其一一拆下。
2. 找一台旧液晶电视拆出其主板,把主板的元器件用烙铁将其一一拆下。

任务 1.2.6 识别静电标志

一、任务目标

能识别静电标志。

二、工作任务

识别静电标志。

三、任务实施

任务引入:展示静电标志。本任务将介绍静电标志的识读。

通过学习相关知识,完成以下子任务。

子任务 1:识读防静电标志。

请思考:ESD 防护符号有哪些?

子任务 2:参观企业。

请思考:在你所参观的企业,你见到了哪些防静电标志?

四、相关知识

防静电标志是防静电控制体系中不可缺少的一环,这些标志鲜明又形象地指示出与静电有关的产品、区域或包装等,提示工作人员时刻不忘静电的危害性,做好防范工作。

按照 IPC—A—610E,常见的静电警告标志主要有以下两种。

1. ESD 敏感符号

表示容易受到 ESD 损害的电子电气设备和组件,如图 1.67(a)所示。

2. ESD 防护符号

表示对 ESD 敏感组件和设备起到 ESD 防护功能的器具,如图 1.67(b)所示。

(a)

(b)

图 1.67 静电警告标志

五、问题探究

以 6 个学生为小组，课后查资料了解静电标识的使用，下节课以小组为单位汇报成果。

六、拓展训练

企业参观时记录静电标志的使用。

模块 1.3　贴片元器件的手工焊接

通过本模块的学习你将能够回答以下问题：

1. 贴片元器件的封装有哪些？
2. 贴片元器件的焊接方法有哪些？
3. 如何判定贴片元器件的焊接质量？
4. 如何熟练返修贴片元器件？

通过本模块的学习我们将能熟练焊接贴片元器件，并运用 IPC 标准中焊接（表面贴装部分）的验收条件对焊接质量做出判定。

能力目标：能熟练焊接贴片元器件；能正确运用《IPC—A—610E》表面贴装部分标准判别焊接质量；能熟练返修贴片元器件；能正确使用常见防静电器材。

素质目标：培养安全、正确操作仪器的习惯；培养严谨的做事风格；培养协作意识。

任务 1.3.1　手工焊接贴片元器件

一、任务目标

能熟练焊接贴片元器件。

二、工作任务

手工焊接贴片元器件。

三、任务实施

任务引入：展示一块电路板，上面安装有贴片电阻、电位器、电容器、电感、变压器、二极管、三极管等常见元器件。本任务将介绍如何使用电烙铁手工焊接贴片元器件。

通过学习相关知识，完成以下子任务。

> 子任务 1：认识手工焊接贴片元器件工具。
> **请思考：手工焊接贴片元器件需要准备哪些工具？**
> 子任务 2：贴片元器件的焊接。
> **请思考：手工焊接 SOT、SOP、SOL 封装的方法？手工焊接 QFP 封装的方法？手工焊接贴片元器件的要领是什么？**

根据工艺要求将常用贴片元器件安装在 SMC 和 SMD 实训板上指定的位置，并记录在表 1.16 内。

表 1.16　贴片元器件手工焊接记录表

	安 装 位 置	安 装 定 位	焊 点 质 量	返　　修
电阻 CHIP1206				
电阻 CHIP0603				
电阻 CHIP0402				
电容 CHIP1206				
电容 CHIP0603				
电容 CHIP 0402				
MELF 二极管				
SOL 器件				
SOT 器件				
SOP 器件				
QFP 器件				
总分				

四、相关知识

（一）焊接材料

焊锡丝一般使用直径 0.5～0.8mm 的活性焊锡丝，也可以使用膏状焊料（焊锡膏）；但要使用腐蚀性小，无残渣的免清洗助焊剂。

（二）焊接工具

贴片元器件对温度比较敏感，焊接时必须注意温度不能超过 390℃，因此，手工焊接贴片元器件常选用恒温电烙铁，除了恒温还具有 ESD 保护功能。

（三）焊接方法

1. 焊接两端 SMT 元器件（电阻、电容、二极管）

先在一个焊盘上镀锡后，烙铁不要离开焊盘，保持焊锡处于熔融状态，用镊子夹着元器件放到焊盘上，先焊好一个焊端，再焊接另一个焊端，如图 1.68 所示。

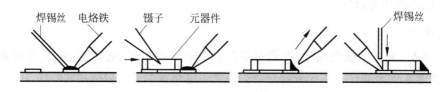

图 1.68　手工焊接两端贴片元器件

另一种焊接方法是，先在焊盘上涂敷助焊剂，用镊子将元器件粘放在预定的位置上，先焊好一脚，后焊接其他引脚。

如果焊盘上有锡残留，需要用烙铁将焊盘上的锡剔除，使焊盘平整，这样贴片零件在焊上去后才不会浮高。

2. 焊接 SOT 晶体管、SOP、SOL 封装的集成电路

先焊住两个对角，然后逐个焊接其他引脚。

3. 焊接 QFP 封装的集成电路

先把芯片放在预定的位置,用少量焊锡焊住芯片角上的 3 个引脚,使芯片被准确地固定,然后给其他引脚均匀涂上助焊剂,逐个焊牢。

焊接时,如果引脚间发生焊锡粘连现象,可在粘连处涂抹少许助焊剂,同时增加少许焊锡丝,用烙铁头轻轻沿引脚向外刮抹。

五、问题探究

1. 以 6 个学生为小组,课后查资料了解贴片元器件的封装,下节课以小组为单位汇报成果。

2. 以 6 个学生为小组,课后查资料了解焊接贴片元器件的烙铁头形状有哪些,下节课以小组为单位汇报成果。

六、拓展训练

焊接多块贴片元器件练习板。

任务 1.3.2　焊点质量检查

一、任务目标

能正确运用《IPC—A—610E》贴片技术部分标准判别焊接质量。

二、工作任务

使用放大镜,检查焊点的质量。

三、任务实施

任务引入:展示一块已焊接好的电路板,上面安装有贴片电阻、电位器、电容、电感器、变压器、二极管、三极管等常见元器件。本任务将介绍如何用《IPC—A—610E》贴片技术部分标准判别焊接质量。

通过学习相关知识,完成以下子任务。

子任务 1:判别焊接质量。

根据《IPC—A—610E》贴片技术部分标准判别 SMC 和 SMD 实训板的焊接质量,并记录在表 1.18 内。

请思考:《IPC—A—610E》贴片技术部分标准是怎样的?

子任务 2:判别焊接工艺质量。

请思考:表面贴装技术的工艺缺陷有哪些?

观察有焊接缺陷的 SMD 实训板,指出电路板上的焊接缺陷。

四、相关知识

《IPC—A—610E》表面贴装组件标准。

(一)片式元器件—仅有底部端子

1. 侧面偏移

① 目标—1,2,3 级(见图 1.69)。条件为:无侧面偏移。

② 可接受—1,2 级。条件为:侧面偏移(A)小于或等于元器件端子宽度(W)或焊盘宽

度(P)的50%,取两者中的较小者。

③ 可接受—3级。条件为:侧面偏移(A)小于或等于元器件端子宽度(W)或焊盘宽度(P)的25%,取两者中的较小者。

④ 缺陷—1,2级。表现为:侧面偏移(A)大于元器件端子宽度(W)或焊盘宽度(P)的50%,取两者中的较小者。

⑤ 缺陷—3级。表现为:侧面偏移(A)大于元器件端子宽度(W)或焊盘宽度(P)的25%,取两者中的较小者。

2. 末端偏移

缺陷—1,2,3级(如图1.70所示),表现:不允许在Y轴方向有末端偏移(B)。

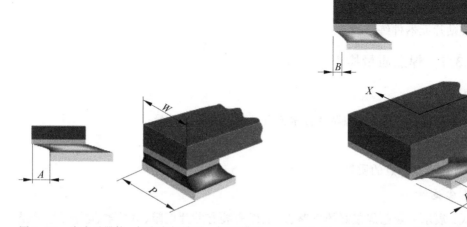

图1.69　片式元器件:仅有底部端子—侧面偏移　　　图1.70　片式元器件:仅有底部端子—末端偏移

3. 末端连接宽度

① 目标—1,2,3级(见图1.71)。条件为:末端连接宽度(C)等于元器件端子宽度(W)或焊盘宽度(P),取两者中的较小者。

② 可接受—1,2级。条件为:最小末端连接宽度(C)为元器件端子宽度(W)或焊盘宽度(P)的50%,取两者中的较小者。

③ 可接受—3级。条件为:最小末端连接宽度(C)为元器件端子宽度(W)或焊盘宽度(P)的75%,取两者中的较小者。

④ 缺陷—1,2级。表现为:末端连接宽度(C)小于元器件端子宽度(W)或焊盘宽度(P)的50%,取两者中的较小者。

⑤ 缺陷—3级。表现为:末端连接宽度(C)小于元器件端子宽度(W)或焊盘宽度(P)的75%,取两者中的较小者。

4. 侧面连接长度

① 目标—1,2,3级(见图1.72)。条件为:侧面连接长度(D)等于元器件端子长度(R)。

② 可接受—1,2,3级。条件为:如果所有其他焊接要求都已满足,任何侧面连接长度(D)均可接受。

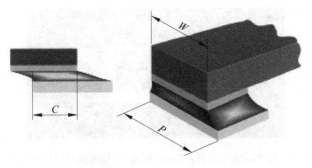

图 1.71　片式元器件：仅有底部端子—末端连接宽度

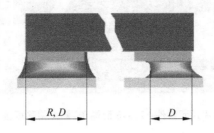

图 1.72　片式元器件：仅有底部端子—侧面连接长度

5. 最大填充高度

对于 1,2,3 级的最大填充高度(E)没有作规定,但润湿要明显(见图 1.73)。

缺陷－1,2,3 级,表现为：无明显润湿。

6. 最小填充高度

对于 1,2,3 级的最小填充高度(F)没有作规定,但润湿要明显(见图 1.73)。

缺陷－1,2,3 级,表现为：无明显润湿。

图 1.73　片式元器件：仅有底部端子—填充高度

(二) 矩形或方形端片式元器件－1,3 或 5 面端子

1. 侧面偏移

① 目标－1,2,3 级(见图 1.74)。条件为：无侧面偏移。

② 可接受－1,2 级(见图 1.75)。条件为：侧面偏移(A)小于或等于元器件端子宽度(W)的 50%,或焊盘宽度(P)的 50%,取两者中的较小者。

③ 可接受－3 级。条件为：侧面偏移(A)小于或等于元器件端子宽度(W)的 25%,或焊盘宽度(P)的 25%,取两者中的较小者。

④ 缺陷－1,2 级(见图 1.76)。表现为：侧面偏移(A)大于元器件端子宽度(W)的

图 1.74 矩形片式元器件：1,3,5 面端子,侧面偏移目标－1,2,3 级

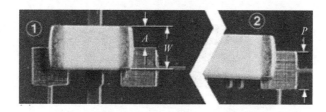

图 1.75 矩形片式元器件：1,3,5 面端子,侧面偏移可接受－1,2,3 级

50%,或焊盘宽度(P)的 50%,取两者中的较小者。

⑤ 缺陷－3 级。表现为：侧面偏移(A)大于元器件端子宽度(W)的 25%,或焊盘宽度(P)的 25%,取两者中的较小者。

图 1.76 矩形片式元器件：1,3,5 面端子,侧面偏移缺陷－1,2,3 级

2. 末端偏移

① 目标－1,2,3 级(见图 1.77)。条件为：无末端偏移。

图 1.77 矩形片式元器件：1,3,5 面端子,末端偏移目标－1,2,3 级

② 缺陷－1,2,3 级(见图 1.78)。表现为：端子偏出焊盘。

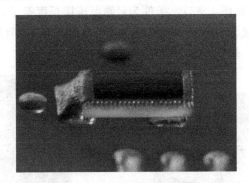

图 1.78 矩形片式元器件:1,3,5 面端子,末端偏移缺陷－1,2,3 级

3. 末端连接宽度

① 目标－1,2,3 级(见图 1.79)。条件为：末端连接宽度等于元器件端子宽度或焊盘宽度,取两者中的较小者。

图 1.79 矩形片式元器件:1,3,5 面端子,末端连接宽度目标－1,2,3 级

② 可接受－1,2 级(见图 1.80(a))。条件为：末端连接宽度(C)至少为元器件端子宽度(W)的 50%,或焊盘宽度(P)的 50%,取两者中的较小者。

③ 可接受－3 级(见图 1.80(b))。条件为：末端连接宽度(C)至少为元器件端子宽度(W)的 75%或焊盘宽度(P)的 75%,取两者中的较小者。

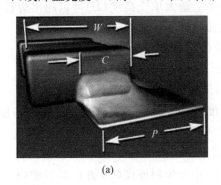
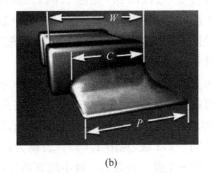

(a)   (b)

图 1.80 矩形片式元器件:1,3,5 面端子,末端连接宽度可接受－1,2,3 级

④ 缺陷－1,2,3 级(见图 1.81)。表现为：小于最小可接受末端连接宽度。

4. 侧面连接长度

① 目标—1,2,3级(见图1.82)。条件为:侧面连接长度等于元器件端子长度。

② 可接受—1,2,3级。条件为:对侧面连接长度不作要求,但是要有明显的润湿填充。

③ 缺陷—1,2,3级。表现为:无润湿的填充。

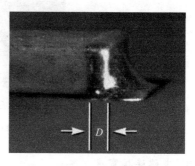

图1.81　矩形片式元器件:1,3,5面端子—末端
连接宽度缺陷—1,2,3级

图1.82　矩形片式元器件:1,3,5面
端子—侧面连接长度

5. 最大填充高度

目标—1,2,3级(见图1.83)。条件为:最大填充高度为焊料厚度加上元器件端子高度。

图1.83　矩形片式元器件:1,3,5面端子—最大填充高度目标—1,2,3级

② 可接受—1,2,3级(见图1.84)。条件为:最大填充高度(E)可以超出焊盘和/或延伸至端帽金属镀层顶部,但不可进一步延伸至元器件本体顶部。

③ 缺陷—1,2,3级。表现为:焊料填充延伸至元器件本体顶部。

6. 最小填充高度

① 可接受—1,2级(见图1.85)。条件为:元器件端子的垂直表面润湿明显。

② 可接受—3级。条件为:最小填充高度(F)为焊料厚度(G)加上端子高度(H)的25%,或焊料厚度(G)加上0.5mm[0.02in],取两者中的较小者。

③ 缺陷—1,2级(见图1.86)。表现为:元器件端子面无可见的填充爬升。

④ 缺陷—3级。表现为:最小填充高度(F)小于焊料厚度(G)加上25%的(H),或焊料厚度(G)加上0.5mm[0.02in],取两者中的较小者。

⑤ 缺陷—1,2,3级。表现为:焊料不足。

• 无明显的润湿填充。

图1.84　矩形片式元器件：1,3,5面端子，最大填充
　　　　高度可接受—1,2,3级、缺陷—1,2,3级

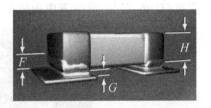

图1.85　矩形片式元器件：1,3,5面
　　　　端子—最小填充高度

7. 焊料厚度

① 可接受—1,2,3级（见图1.87）。条件为：明显的润湿填充。

图1.86　矩形片式元器件：1,3,5面
　　　　端子—最小填充高度缺陷级

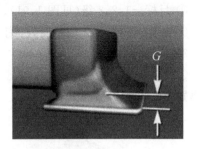

图1.87　矩形片式元器件：1,3,5面
　　　　端子—焊料厚度

② 缺陷—1,2,3级。表现为：无润湿的填充。

（三）圆柱体帽形端子

1. 侧面偏移

① 目标—1,2,3级（见图1.88）。条件为：无侧面偏移。

② 可接受—1,2,3级（见图1.89）。条件为：侧面偏移（A）小于或等于元器件直径（W）的25%，或焊盘宽度（P）的25%，取两者中的较小者。

图1.88　圆柱体帽形端子：侧面偏移目标—1,2,3级

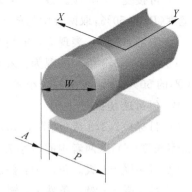

图1.89　圆柱体帽形端子：侧面
　　　　偏移可接受—1,2,3级

③ 缺陷—1,2,3 级(见图 1.90)。表现为：侧面偏移(A)大于元器件直径(W)的 25％，或焊盘宽度(P)的 25％,取两者中的较小者。

图 1.90　圆柱体帽形端子：侧面偏移缺陷—1,2,3 级

2. 末端偏移

① 目标—1,2,3 级(见图 1.91)。条件为：无末端偏移(B)。

② 缺陷—1,2,3 级。表现为：任何末端偏移(B)。

3. 末端连接宽度

① 目标—1,2,3 级(见图 1.92)。条件为：末端连接宽度等于或大于元器件直径(W)或焊盘宽度(P),取两者中的较小者。

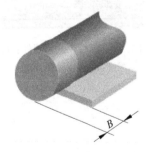
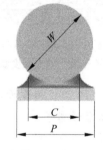

图 1.91　圆柱体帽形端子—末端偏移　　　图 1.92　圆柱体帽形端子—末端连接宽度

② 可接受—1 级。条件为：末端连接呈现润湿的填充。

③ 可接受—2,3 级。条件为：末端连接宽度(C)至少为元器件直径(W)的 50％,或焊盘宽度(P)的 50％,取两者中的较小者。

④ 缺陷—1 级。表现为：末端焊接连接未呈现润湿的填充。

⑤ 缺陷—2,3 级。表现为：末端连接宽度(C)小于元器件直径(W)的 50％,或焊盘宽度(P)的 50％,取两者中的较小者。

4. 侧面连接长度

① 目标—1,2,3 级(见图 1.93)。条件为：侧面连接长度(D)等于元器件端子长度(R)或焊盘长度(S),取两者中的较小者。

② 可接受—1 级。条件为：侧面连接长度(D)呈现润湿的填充。

③ 可接受—2 级。条件为：侧面连接长度(D)至少为元器件端子长度(R)的 50％,或焊盘长度(S)的 50％,取两者中的较小者。

④ 可接受—3 级。条件为：侧面连接长度(D)至少为元器件端子长度(R)的 75％,或焊

盘长度(S)的75%,取两者中的较小者。

　　⑤ 缺陷—1级。表现为:侧面连接长度(D)未呈现润湿的填充。

　　⑥ 缺陷—2级。表现为:侧面连接长度(D)小于元器件端子长度(R)的50%,或焊盘长度(S)的50%,取两者中的较小者。

　　⑦ 缺陷—3级。表现为:侧面连接长度(D)小于元器件端子长度(R)的75%,或焊盘长度(S)的75%,取两者中的较小者。

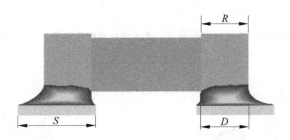

图1.93　圆柱体帽形端子—侧面连接长度

5. 最大填充高度

可接受—1,2,3级(见图1.94)。条件为:最大填充高度(E)可以超出焊盘或延伸至端子的端帽金属镀层顶部,但不可进一步延伸至元器件本体。

图1.94　圆柱体帽形端子:最大填充高度可接受—1,2,3级

　　② 缺陷—1,2,3级(见图1.95)。表现为:焊料填充延伸至元器件本体顶部。

图1.95　圆柱体帽形端子—最大填充高度缺陷—1,2,3级

6. 最小填充高度

　　① 可接受—1,2级(见图1.96)。条件为:元器件端子垂直面润湿明显。

　　② 可接受—3级。条件为:最小填充高度(F)为焊料厚度(G)加上元器件端帽直径(W)的25%或1.0mm[0.039in],取两者中的较小者。

　　③ 缺陷—1,2,3级(见图1.97)。表现为:最小填充高度(F)未呈现润湿。

　　④ 缺陷—3级。表现为:最小填充高度(F)小于焊料厚度(G)加元器件端帽直径(W)的25%,或焊料厚度(G)加1.0mm[0.039in],取两者中的较小者。

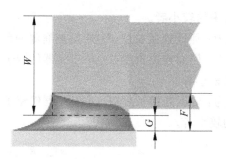

图 1.96　圆柱体帽形端子：最小填充高度可接受－1,2,3 级

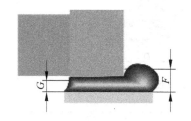

图 1.97　圆柱体帽形端子：最小填充
高度缺陷－1,2,3 级

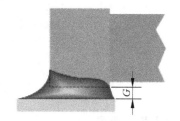

图 1.98　圆柱体帽形端子：焊料厚度

7. 焰料厚度

① 可接受－1,2,3 级（见图 1.98）。条件为：润湿填充明显。

② 缺陷－1,2,3 级。表现为：无润湿的填充。

（四）扁平欧翼形引线

1. 侧面偏移

① 目标－1,2,3 级（见图 1.99）。条件为：无侧面偏移。

图 1.99　扁平欧翼形引线侧面偏移目标－1,2,3 级

② 可接受－1,2 级（见图 1.100）。条件为：最大侧面偏移（A）不大于引线宽度（W）的 50％或 0.5mm[0.02in]，取两者中的较小者。

③ 可接受－3 级。条件为：最大侧面偏移（A）不大于引线宽度（W）的 25％或 0.5mm [0.02in]，取两者中的较小者。

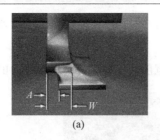
(a)

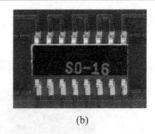
(b)

图 1.100　扁平欧翼形引线侧面偏移可接受—1,2,3 级

④ 缺陷—1,2 级(见图 1.101)。表现为：最大侧面偏移(A)大于引线宽度(W)的 50％或 0.5mm[0.02in]，取两者中的较小者。

⑤ 缺陷—3 级。表现为：最大侧面偏移(A)大于引线宽度(W)的 25％或 0.5mm[0.02in]，取两者中的较小者。

2. 趾部偏移(见图 1.102)

① 可接受—1,2,3 级。条件为：趾部偏移不违反最小电气间隙。

② 缺陷—1,2,3 级。表现为：趾部偏移违反最小电气间隙。

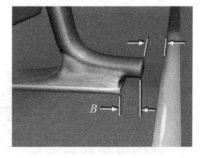

图 1.101　扁平欧翼形引线侧面偏移缺陷—1,2,3 级　　　图 1.102　扁平欧翼形引线趾部偏移

3. 最小末端连接宽度

① 目标—1,2,3 级(见图 1.103)。条件为：末端连接宽度等于或大于引线宽度。

② 可接受—1,2 级(见图 1.104)。条件为：最小末端连接宽度(C)等于引线宽度(W)的 50％。

③ 可接受—3 级。条件为：最小末端连接宽度(C)等于引线宽度(W)的 75％。

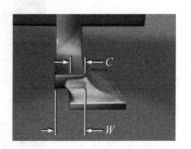

图 1.103　扁平欧翼形引线最小末端　　　　　图 1.104　扁平欧翼形引线最小末端
　　　　连接宽度目标—1,2,3 级　　　　　　　　　　　连接宽度可接受—1,2,3 级

④ 缺陷—1,2 级（见图 1.105）。表现为：最小末端连接宽度（C）小于引线宽度（W）的 50%。

⑤ 缺陷—3 级。表现为：最小末端连接宽度（C）小于引线宽度（W）的 75%。

图 1.105　扁平欧翼形引线最小末端连接宽度缺陷—1,2,3 级

4. 最小侧面连接长度

① 目标—1,2,3 级（见图 1.106）。条件为：沿整个引线长度润湿填充明显。

(a)　　　　　　　　　　　　(b)

图 1.106　扁平欧翼形引线最小侧面连接长度目标—1,2,3 级

② 可接受—1 级。条件为：最小侧面连接长度（D）等于引线宽度（W）或 0.5mm[0.02in]，取两者中的较小者。

③ 可接受—2,3 级（见图 1.107、图 1.108）。条件为：

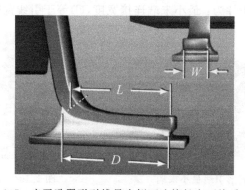

图 1.107　扁平欧翼形引线最小侧面连接长度可接受—2 级

- 当脚长(L)大于 3 倍引线宽度(W)时,最小侧面连接长度(D)等于或大于三倍引线宽度(W)。
- 当脚长(L)小于 3 倍引线宽度(W),最小侧面连接长度(D)等于 100%(L)。

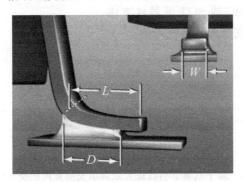

图 1.108 扁平欧翼形引线最小侧面连接长度可接受-3 级

④ 缺陷-1 级。表现为:最小侧面连接长度(D)小于引线宽度(W)或 0.5mm[0.02in],取两者中的较小者。

⑤ 缺陷-2,3 级(见图 1.109)。表现为:

- 当脚长(L)大于 3 倍引线宽度(W)时,最小侧面连接长度(D)小于 3 倍引线宽度(W)或 75%的引线长度(L),取两者中的较大者。
- 当脚长(L)小于 3 倍引线宽度(W),最小侧面连接长度(D)小于 100%(L)。

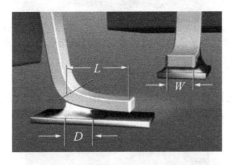

图 1.109 扁平欧翼形引线最小侧面连接长度缺陷-2,3 级

5. 最大跟部填充高度

① 目标-1,2,3 级(见图 1.110)。条件为:

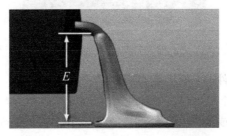

图 1.110 扁平欧翼形引线最大跟部填充高度目标-1,2,3 级

- 跟部填充延伸到引线厚度以上，但未爬升至引线上方弯曲处。
- 焊料未接触元器件本体。

② 可接受－1,2,3级（见图1.111）。条件为：

- 焊料接触塑封SOIC或SOT元器件本体。
- 焊料未接触陶瓷或金属元器件本体。

图1.111　扁平欧翼形引线最大跟部填充高度可接受－1,2,3级

③ 缺陷－2,3级（见图1.112）。表现为：

- 焊料接触除SOIC和SOT以外的塑封元器件本体。
- 焊料接触陶瓷或金属元器件本体。

图1.112　扁平欧翼形引线最大跟部填充高度缺陷－2,3级

6. 最小跟部填充高度

① 目标－1,2,3级（见图1.113）。条件为：跟部填充高度(F)大于焊料厚度(G)加引线厚度(T)，但未延伸至膝弯半径。

图1.113　扁平欧翼形引线最小跟部填充高度目标－1,2,3级

② 可接受－1级。条件为：润湿填充明显。

③ 可接受－2级（见图1.114）。条件为：

- 引线厚度(T)等于或小于0.38mm[0.0149in]时，最小跟部填充为(G)＋(T)。
- 引线厚度(T)大于0.38mm[0.0149in]，最小跟部填充为(G)＋50％(T)。

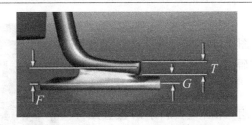

图 1.114　扁平欧翼形引线最小跟部填充高度可接受－2 级

④ 可接受－3 级（见图 1.115）。条件为：最小跟部填充高度(F)等于焊料厚度(G)加连接侧的引线厚度(T)。

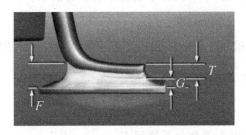

图 1.115　扁平欧翼形引线最小跟部填充高度可接受－3 级

⑤ 可接受－1,2,3 级。条件为：对于趾部下倾的引线，最小跟部填充高度(F)至少伸延至引线弯曲外弧线的中点。

⑥ 缺陷－1 级（见图 1.116）。表现为：润湿填充不明显。

⑦ 缺陷－2 级。表现为：

• 引线厚度(T)等于或小于 0.38mm[0.0149in]时，最小跟部填充小于(G)＋(T)。

• 引线厚度(T)大于 0.38mm[0.0149in]，最小跟部填充小于(G)＋ 50%(T)。

• 最小跟部填充高度(F)小于焊料厚度(G)加连接侧的引线厚度(T)的 50%。

⑧ 缺陷－3 级。表现为：最小跟部填充高度(F)小于焊料厚度(G)加连接侧的引线厚度(T)。

⑨ 缺陷－1,2,3 级。表现为：对于趾部向下倾的引线，最小跟部填充高度(F)未延伸至引线弯曲处外弧线的中点。

7. 焊料厚度

① 可接受－1,2,3 级（见图 1.117）。条件为：润湿填充明显。

② 缺陷－1,2,3 级。表现为：无润湿的填充。

图 1.116　扁平欧翼形引线最小跟部填充高度缺陷－1 级

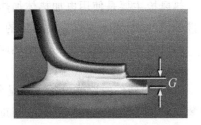

图 1.117　扁平欧翼形引线焊料厚度

8. 共面性

缺陷－1,2,3级(见图 1.118),表现为:元器件引线不成直线(共面性),妨碍可接受焊点的形成。

图 1.118 扁平欧翼形引线共面性

五、问题探究

1. 以 6 个学生为小组,课后查资料了解检查贴片元器件焊接质量的工具有哪些,下节课以小组为单位汇报成果。

2. 以 6 个学生为小组,课后查资料了解《IPC—A—610E》贴片技术部分标准,下节课以小组为单位汇报成果。

六、拓展训练

以 6 个学生为小组,相互评价已焊接的 SMC 和 SMD 实训板的焊点质量。

任务 1.3.3 返修

一、任务目标

能正确使用热风枪、BGA 返修台返修焊点。

二、工作任务

使用热风枪、BGA 返修台返修焊点。

三、任务实施

任务引入:展示一块存在不良焊点的电路板,引入返修。本任务将介绍如何返修贴片元器件。

通过学习相关知识,完成以下子任务。

> 子任务:返修贴片电子元器件。
> **请思考:**返修需要哪些工具?热风枪如何使用?
> 根据工艺要求返修贴片电子元器件的不良焊点,并记录在表 1.18 中。

四、相关知识

(一)拆焊工具

电烙铁只能拆焊两端元件或引脚数目少的器件,如电阻、电容、二极管、晶体管等。拆焊集成电路时,要使用专用加热头。

热风枪主要是使用电加热体加热空气,用气泵将加热的热空气从风口排出来加热被焊元件的设备,常用来解焊表面焊接的集成电路。

热风筒可以装配各种专用的热风嘴,用于拆卸不同尺寸、不同封装方式的芯片。

(二)BGA 返修台

BGA 等器件的返修设备主要是各种品牌的返修工作台,如图 1.119 所示。了解 BGA 封装的结构和热能对元件的拆除和重贴的直接影响,利用新型的自动化设备进行返修,不仅节省时间和资金,还节省元件,提高电路板的质量,实现快速维修。

（三）返修方法

1．BGA 芯片返修工艺

BGA 芯片返修工艺流程是：拆卸 BGA→清洁焊盘→去潮处理→印刷焊锡膏→贴装→再流焊接→检验。

（1）拆卸 BGA

① 将需要拆卸 BGA 的表面组装板放在返修台上。

② 选择与元器件尺寸相匹配的喷嘴，装在加热器的连接杆上。

③ 将热风喷嘴扣在元器件上，注意与四周距离均匀。如周围有器件影响操作，先将这些器件拆卸，待返修完恢复。

图 1.119　BGA 返修台

④ 选择适合吸附待拆件的吸嘴，调节真空负压吸管高度，将吸盘接触元器件的顶面，打开真空泵开关。

⑤ 根据 PCB 厚度、器件尺寸等实际情况，设置拆卸温度曲线。

（2）清洁焊盘

拆卸完 BGA 器件后，需去除 PCB 焊盘上残留焊锡，清洗焊盘。

① 利用拆焊编织带、扁铲形烙铁头进行清理，将 PCB 焊盘残留的焊锡清理干净。操作时注意保护焊盘和阻焊膜。

② 用异丙醇或乙醇等清洗剂将助焊剂残留物清洗干净。

（3）去潮处理

塑料封装的 BGA 对潮气敏感，组装前要检查器件是否受潮。若已经吸湿，需要对元件进行去潮处理。

（4）印刷焊膏

在返修台或显微镜下进行对中印刷，将焊膏印刷在 PCB 焊盘上。由于电路板上已有其他元件，故须采用与芯片尺寸相等的 BGA 专用模板，将焊膏直接印刷在 BGA 焊盘上。模板厚度与开口尺寸要根据球径和球距确定。印刷完毕检查质量，如不合格，必须进行清洗后才能重新印刷。

（5）贴装 BGA

① 将印好焊锡膏的表面组装印制电路板安放在返修台上。

② 打开真空泵将 BGA 器件吸起，用摄像机顶部光源照射已经印好焊膏的 BGA 焊盘，调节焦距使监视器显示的图像最清晰。拉出 BGA 专用的反射光源，照射 BGA 底部使图像最清晰。然后调整工作台的 X、Y 角度旋钮，使 BGA 底部焊球和 BGA 焊盘完全对应重合。

③ 焊球和焊盘完全重合后，将吸嘴慢慢放下，把 BGA 器件贴装到 PCB 上，然后关闭真空泵。

（6）再流焊接

① 设置焊接温度曲线。为避免器件损坏，预热温度应控制在 $100\sim125℃$，控制好升温速率和温度保持时间。

② 选择与器件尺寸相匹配的四方形热风喷嘴，并将热风喷嘴安装在加热器连接杆上，

注意安装平稳。

③ 将热风喷嘴扣在 BGA 等器件上,注意四周距离均匀。

④ 打开加热电源,调节热风量,开始焊接。

(7) 检验

① BGA 器件的焊接质量检验需要 X 光或超声波检查设备。

② 若没有检查设备,先通过目测,观察焊膏是否完全熔化、焊球是否塌陷、芯片与四周距离是否均匀,接着通过功能测试判断焊接质量。

2. BGA 植球工艺

拆卸下的 BGA 器件一般可以重复使用,经过拆卸的 BGA 底部的焊球会被不同程度的损坏,因此必须进行植球处理才能使用。其工艺流程是:清洁焊盘→涂覆助焊剂→选择→焊球→置球→再流焊接→清洗。

(1) 去除 BGA 底部焊盘上的残留焊锡并清洗

用电烙铁将 PCB 焊盘上残留的焊锡清理干净,采用拆焊编织带和扁铲形烙铁头进行清理,操作时注意不要损坏焊盘和阻焊膜。用专用清洗剂将助焊剂残留物清洗干净。

(2) 在 BGA 底部焊盘上印刷助焊剂

一般情况下采用高黏度的助焊剂,起到黏结和助焊作用,应保证印刷后助焊剂图形清晰、不漫流。有时也可以采用焊膏代替,此时焊膏的金属组分应与焊球的金属组分相匹配。

印刷时采用 BGA 专用小模板,模板厚度与开口尺寸要根据球径和球距确定,印刷完毕必须检查印刷质量,如不合格,必须清洗后重新印刷。

(3) 选择焊球

选择焊球时要考虑焊球的材料和球径的大小。须选择与 BGA 元器件焊球材料一致的焊球。

(4) 植球

① 采用植球器法。把植球器放在工作台上,把印好助焊剂或焊膏的 BGA 元器件吸在吸嘴上,按照贴装 BGA 器件的方法进行对准,将吸嘴向下移动,把 BGA 器件贴装到植球器模板表面的焊球上,然后将 BGA 元器件吸起来,借助助焊剂或焊膏的黏性将焊球粘在 BGA 器件相应的焊盘上。用镊子夹住 BGA 器件的外边框,关闭真空泵,将 BGA 器件的焊球面向上放置在工作台上,检查有无缺少焊球的地方,若有用镊子补齐。

② 采用模板法。把印好助焊剂或焊膏的 BGA 器件放置在工作台上,助焊剂或焊膏面朝上。准备一块与 BGA 焊盘匹配的模板,模板四周用垫块架高,放置在印好助焊剂或焊膏的 BGA 器件上方,使模板与 BGA 之间的距离等于或略小于焊球直径,在显微镜下对准。将焊球均匀地撒在模板上,把多余的焊球用镊子拨下,恰好使模板表面每个漏孔中保留一个焊球。移开模板,检查并补齐。

③ 手工贴装。把印好助焊剂或焊膏的 BGA 器件放置在工作台上,助焊剂或焊膏面向上,如同贴片一样用镊子或吸笔将焊球逐个放好。

④ 刷适量焊膏法。加工模板时将模板厚度加厚,并略放大模板的开口尺寸,将焊膏直接印刷在 BGA 的焊盘上。由于表面张力的作用,再流焊后形成焊料球。

⑤ 再流焊接。进行再流焊处理,焊球就固定在 BGA 器件上了。

⑥ 清洗。完成植球工艺后,应将 BGA 器件清洗干净,并尽快进行贴装和焊接,以防止焊球氧化和器件受潮。

五、问题探究

以 6 个学生为小组,课后查资料了解贴片拆焊工具和拆焊方法,下节课以小组为单位汇报成果。

六、拓展训练

返修多块电路板。

任务1.3.4 识别和使用防静电器材

一、任务目标

能正确使用各类防静电器材。

二、工作任务

使用各类防静电器材。

三、任务实施

任务引入:展示各类防静电器件。本任务将介绍如何使用防静电器材。

通过学习相关知识,完成以下子任务。

> 子任务 1:认识防静电器材。
> **请思考:**常用的防静电器材有哪些?
> 子任务 2:使用防静电器材。
> **请思考:**如何使用常用的防静电器材?

练习使用常用防静电器材,包括防静电工作台、防静电服、防静电腕带、防静电鞋、脚腕带、防静电手套、指套、防静电地垫、防静电海绵、元件盒、包装袋、周转箱、周转车、离子风机,并记录在表 1.17 中。

表 1.17 防静电器材的使用方法

器　　材	使 用 方 法
防静电工作台	
防静电服	
防静电腕带	
防静电鞋	
脚腕带	
防静电手套	
指套	
防静电地垫	
防静电海绵	
包装袋周转箱	
离子风机	

四、相关知识

(一)防静电器材介绍

电子产品生产过程中,根据产品生产等级的要求,生产车间需配备相应的防静电设施。车间的温度、湿度分别控制在(25±2)℃,65%±5%RH,车间外的接地系统需定期检测。树立防静电意识,尽量减少静电对电子产品的危害,提高产品的质量。常见的静电防护的方法有接地法、泄漏法、静电中和法、工艺控制法等。常用的静电防护器材有以下几种。

1. 防静电工作台

一般的焊接和测试设备都能产生足以破坏敏感元件性能的能量。防静电工作台能够防止操作时的尖峰脉冲和静电释放对于敏感元件的损害,具有对电气过载(EOS)损害的防护功能,并能够避免在维修、制造或测试设备中产生尖峰脉冲。

2. 防静电服

防静电服由防静电纱卡、防静电绸等制成,结构上有连体式、分体式。织物纤维中含有导电纤维,通过导电纤维的电晕放电和泄漏作用消除服装上的静电。

3. 防静电腕带

对静电来说,人体是导体。消除人体静电的措施就是接地。生产时佩戴静电手环是泄放操作人员静电电荷的可靠方法。

4. 防静电鞋、脚腕带

穿上防静电鞋、防静电鞋垫等,使静电从人体导向大地,从而消除人体静电。防静电脚腕带由可调魔术贴、导电织带、接地脚环组成,通过导电织带将人体所带电荷经接地脚环导入大地。

5. 防静电手套、指套

由防静电布或防静电针织物制成,其中指套用于微电子产品的生产。

6. 防静电地垫

在不防静电车间、工厂内,当局部要防静电时,可以采用这种经济有效的防静电措施。

7. 防静电海绵、元件盒、包装袋、周转箱、周转车

在元器件、半成品、成品的运输过程中,也要有防静电措施。防静电插板、元件盒、包装袋、周转箱、周转车起着防护功能。

8. 离子风机

进入生产车间前,先进风淋房去除人体身上的静电,其设备就是离子风机。离子风机可产生大量的带有正负电荷的气流,中和掉物体上所带的电荷。

(二)静电防护

在工厂中的静电防护,一般都是预防性的措施,工厂的工程师会把主要的精力放到静电防护设备的日常点检中去,用检查表的方式进行记录,如表1.18所示。

表 1.18　静电防护设备检查表

防 护 设 备	检 验 标 准	检验设备/方法	检验周期/记录
静电环防静电鞋	$1\pm10\%$ MΩ	静电环测试器依 SOP 量测	2 次/日(不加班)3 次/日(含加班)结果记录于《静电手环及人体静电压值测试记录表》
防静电零件盒	表 面 电 阻 $10^6\sim$ 10^{11} Ω	表面电阻测试器	1 次/季；10 个/周(抽测)填写 ESD 合格标签 并贴于防静电盒外
物料箱防静电隔板	表 面 电 阻 $10^6\sim$ 10^{11} Ω	表面电阻测试器	抽检 10 片/周结果记录于《ESD 防护设备每周检测记录表》
物料箱	表 面 电 阻 $10^6\sim$ 10^{11} Ω	表面电阻测试器	1 次/季；10 个/周(抽测)填写 ESD 合格标签 并贴于物料箱外
防静电桌垫	表 面 电 阻 $10^6\sim$ 10^{11} Ω	表面电阻测试器	1 次/季；10 个/周(抽测)填写 ESD 合格标签 并贴于防静电桌垫左上角
PCB 置放垫及汽泡袋	表 面 电 阻 $10^6\sim$ 10^{11} Ω	表面电阻测试器	抽检 10 片/周结果记录于《ESD 防护设备每周检测记录表》
防静电衣	<100V	静电压测量仪	抽检 10 件/周结果记录于《ESD 防护设备每周检测记录表》
流水线传输带	表 面 电 阻 $10^6\sim$ 10^{11} Ω	表面电阻测试器	1 次/周结果记录于《ESD 防护设备每周检测记录表》
电烙铁	接地阻抗$<10\Omega$	万用表	每台/班填写记录于《烙铁温度与对地阻抗测试表》
防静电地板	表面电阻$<10^9\Omega$	表面电阻测试器	抽检 10 次/周结果记录于《ESD 防护设备每周检测记录表》
防静电地板接地线	连接良好	目视检查	次/每周结果记录于《ESD 防护设备每周检测记录表》
静电接地线	阻抗$<25\Omega$	摇表	第 28 周和第 50 周记录结果与《ESD 防护设备年度检测记录表》
设备接地线	阻抗$<25\Omega$	摇表	第 28 周和第 50 周记录结果与《ESD 防护设备年度检测记录表》

一般粘贴在车间所用的器材、产品的外包装、设备外壳或需防静电的场所中。

五、问题探究

以 6 个学生为小组,课后查资料了解防静电器材还有哪些? 这些防静电器材的使用方法,下节课以小组为单位汇报成果。

六、拓展训练

练习使用多种防静电器材。

模块 1.4　单片机编程器的手工组装

通过本模块的学习你将能够回答以下问题：

1. 单片机编程器的用途？

2. 如何正确焊接单片机编程器？

3. 元器件的焊接顺序？

4. 如何熟练返修具有一定功能的电路板？

通过本模块的学习我们将能熟练焊接通孔元器件、贴片元器件，了解元器件的焊接顺序，并能运用 IPC 相关标准对所焊接器件的工艺情况做出判定。

能力目标：能熟练手工焊接通孔元器件、贴片元器件；能正确运用《IPC—A—610E》标准判别焊接质量；能熟练返修焊接器件。

素质目标：培养安全、正确操作仪器的习惯；培养严谨的做事风格；培养协作意识。

任务 1.4.1　电子元器件的质量检查

一、任务目标

能熟练检测单片机编程器的元器件。

二、工作任务

使用万用表对编程器的元器件逐一检查，筛选不良品。

三、任务实施

任务引入：展示一块焊接好的单片机编程器电路板。本任务将复习如何使用万用表检查元器件质量。

根据单片机编程器元器件清单，完成以下子任务。

子任务 1：根据元器件清单清点元器件数量。

请思考：材料的数量与清单是否一致？

子任务 2：根据元器件清单，核对元器件型号。

请思考：材料的型号与清单是否一致？

子任务 3：检测元器件。

使用万用表对元器件逐一检测，筛选出质量有问题的元器件，更换元器件。将检测结果记录在表 1.19 中。

表 1.19　单片机编程器元器件检测记录单

序　号	名　称	型　号	个　数	检测结果	备　注
1	贴片 LED 灯	普通	32		
2	贴片电阻 102	1k	6		
3	贴片电阻 512	5.1k	1		

序　号	名　　称	型　　号	个　数	检测结果	备　注
4	贴片电阻 103	10k	4		
5	贴片三极管 PNP	2TY	5		
6	排阻 102	1k	4		
7	电源指示灯	红色	1		
8	瓷片电容	30P	2		
9	8P 管座	8 脚	1		
10	16P 管座	16 脚	1		
11	40P 管座	40 脚	1		
12	独立按键	普通	6		
13	晶振插座	2 脚	1		
14	DS18B20 插座	3 脚	1		
15	USB 供电插座	普通	1		
16	插头供电插座	4mm	1		
17	下载口座	10 针	1		
18	电解电容	25V10UF	7		
19	排针	单排	63		
20	排座	单排	36		
21	蜂鸣器	5V	1		
22	电解电容	0V100UF	1		
23	电源开关	按键开关	1		
24	电源端子	AWG12—22	1		
25	9 针串口座	串口座	1		
26	单片机座	40P	1		
27	MAX232 芯片	MAX232	1		
28	24C02 芯片	24C02	1		
29	共阳数码管	Cps05011bh	4		
30	短路帽	2P	8		
31	晶振	11.0592	1		
32	支架	塑料	4		
33	单片机	AT89S52	1		
34	PCB 电路板		1		

四、相关知识

单片机编程器电路主要由电源模块、复位模块、数码管显示模块、串口模块、时钟晶振模块、单片机模块、IO 口引出模块、1602 液晶接口模块、128×64 液晶引出模块、温度传感器引出模块、掉电保护模块、蜂鸣器模块、手动按钮模块、IO 输出模块等组成。

电路具有以下特点：

① 具有电源指示。

② 所有 I/O 口已引出。

③ 四位数码管显示、四位按键输入、32 位 LED 发光二极管显示。

④ 标准的 11.0592M 晶振。（晶振可以插拔更换）

⑤ 具有上电复位和手动复位。

⑥ 四种供电接口(USB 供电、端子引入供电、排针引入供电、电源头接口供电)。

⑦ 串口通信使用 MAX232 接口,同时可以下载 STC 单片机程序。

⑧ 带有蜂鸣器。

⑨ 支持芯片：AT89S51/S52/S53 支持 STC89C51/C52/C53（加转换板可使用 ATMEGA8/48、ATMEGA16/32、）。

⑩ S52 和 AVR 两种不同复位方式(高电平复位和低电平复位)。

⑪ 40P 单片机引脚夹座,方便更换单片机。

⑫ 具有掉电保护芯片 24C02。

⑬ 留有 128X64 和 1602 液晶接口。

五、问题探究

以 6 个学生为小组,课后查资料了解单片机编程器功能,下节课以小组为单位汇报成果。

六、拓展训练

列出其他型号的单片机编程器的元器件清单。

任务 1.4.2　安装电路

一、任务目标

能熟练安装单片机编程器。

二、工作任务

使用电烙铁对单片机编程器的元器件逐一焊接。

三、任务实施

任务引入：展示一块焊接好的单片机编程器电路板,如图 1.120 所示。本任务是手工焊接单片机编程器元器件。

根据单片机编程器电路板的安装要求,完成以下子任务。

子任务 1：根据元器件清单和装配图,焊接电子元器件。

子任务 2：根据 IPC 标准,检查焊点质量。

四、问题探究

以 6 个学生为小组,课后查资料了解一般电子产品的焊接流程,下节课以小组为单位汇报成果。

五、拓展训练

焊接其他型号的单片机编程器。

图 1.120　单片机编程器实物

任务 1.4.3　检查电路功能

一、任务目标

能熟练检查单片机编程器的功能。

二、工作任务

下载相应程序,验证单片机编程器的基本功能。

三、任务实施

任务引入:展示一块焊接好的单片机编程器电路板,演示其基本功能。本任务将介绍如何下载程序,验证电路的功能。

根据电路的功能,完成以下子任务。

子任务 1:选择合适的数据线,下载正确的演示程序。

请思考:你所了解的数据线种类有哪些?

子任务 2:通电验证单片机编程器的功能。

请思考:如何通电验证单片机编程器的功能?

四、问题探究

1. 以 6 个学生为小组,课后查资料了解单片机的应用,下节课以小组为单位汇报成果。

2. 以 6 个学生为小组,课后查资料了解单片机编程语言的分类与作用,下节课以小组为单位汇报成果。

五、拓展训练

验证其他型号的单片机编程器的功能。

项目 2　贴片元器件的回流焊接

项目综述

　　在本项目中我们将学习贴片元器件的回流焊接的知识与技能,最终完成 HE6105 示波器水平放大电路的焊接。项目分解为四个模块,它们是 SMT 印刷、SMT 贴片、SMT 回流焊接、SMT 品检与返修。项目采用 HE6105 示波器触发电路和电源电路为载体,全自动印刷机以 FLW—NP6、贴片机以 YAMAHA—YG12、回流焊设备以 RS—800 为例。本项目主要熟悉 SMT 生产线的生产过程、生产设备及典型生产工艺流程;能熟练操作印刷机,掌握 SMT 的印刷工艺、解决印刷不良问题;能熟练操作 SMT 贴片机,进行元器件贴装程序的编写;能熟练操作回流焊炉,进行参数的设置;能正确进行 SMT 焊接检测与返修。

教学目标

最终目标	促成目标				
能对贴片元器件进行回流焊接和质量判定	能熟知 SMT 生产线的生产过程、生产设备及典型生产工艺流程	能熟练操作印刷机、掌握 SMT 的印刷工艺、解决印刷不良问题	能熟练操作 SMT 贴片机,进行常用表面元器件贴装程序的编写	能进行参数的设置,熟练操作回流焊炉	能正确进行 SMT 焊接检测与返修
工作任务	参观 SMT 生产线	印刷贴片元器件,解决锡膏印刷问题	编写贴装程序,进行元器件贴装	设置参数,进行 SMT 回流焊接	检测焊点,返修不良品
★★★	★	★★	★★	★★★	★★★

模块 2.1　SMT 印刷

通过本模块的学习你将能够回答以下问题:

1. SMT 需要哪些生产设备,典型生产工艺流程是怎样的?

2. SMT 印刷前需要做哪些准备工作? 如何选择和使用印刷辅助材料和工具?

3. SMT 印刷机参数如何设置?

4. 印刷锡膏的工艺标准是什么? 如何进行印刷缺陷判定和处理?

　　通过本模块的学习我们将了解 SMT 制程所需的设备及典型的生产工艺流程,掌握 SMT 印刷前辅助材料和工具的选择;SMT 印刷机参数的设置;了解焊锡膏各种印刷不良的成因,掌握解决印刷不良的对策,能正确进行返修。

　　能力目标:能正确稽核 PCB 品质和模板;能合理选用锡膏、无尘布、刮刀等辅助工具;能正确使用印刷工具;能熟练编制印刷机生产程序,实施印刷作业,优化印刷工艺;会检测印刷品质,解决锡膏印刷不良问题。

素质目标:培养自主学习的能力,在完成任务过程中能发现问题、分析和解决问题;培养团队合作意识;能严格进行安全、文明、规范操作,5S、ESD 到位。

任务 2.1.1　印刷前的准备工作

一、任务目标

- 能了解 SMT 制程所需的设备及典型的生产工艺流程。
- 能对 PCB 和模板进行检查核对。
- 能掌握锡膏、刮刀的分类、选用、使用方法及使用注意事项。
- 能识别并准备无尘纸、酒精、白碎布等。
- 能了解印刷机结构,掌握开机流程。

二、工作任务

- 选用印刷所需的工具、物料,对物料和 PCB 板进行稽核。
- 按开机流程正确开机。

三、任务实施

任务引入:先参观 SMT 生产线,简单介绍 SMT 制程所需的设备及典型的生产工艺流程,然后展示 HE6105 示波器水平放大电路的 PCB 板,如图 2.1 所示。本任务主要学会印刷前物料的选用和稽核。

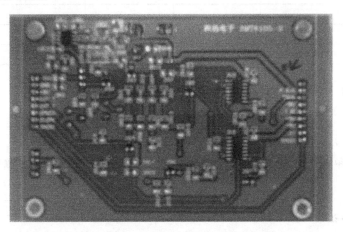

图 2.1　HE6105 示波器水平放大电路板

(一)准备印刷材料

通过学习相关知识,完成以下子任务。

子任务 1:认识 SMA 组装方式与组装工艺流程。

请思考: SMA 和 SMT 分别是什么含义? 两者有什么区别? SMT 组装系统一般由哪些设备构成? SMA 组装方式有哪些? 各自的组装工艺流程是怎样的?

子任务 2：正确识读锡膏包装标识，合理选用与保存锡膏。

请思考：锡膏由哪些物质组成？锡膏的包装标识如何识读？表面组装对锡膏有哪些要求？选用锡膏应遵循哪些原则？如何正确使用与保存锡膏？

子任务 3：稽核 PCB 板。

请思考：PCB 的构成？PCB 稽核主要检查哪些内容？模板要检查哪些内容？

子任务 4：选用并检验刮刀。

请思考：如何正确区分刮刀的类型，合理选用刮刀？主要从哪些方面检验刮刀？

各小组将印刷 HE6105 示波器水平放大电路 PCB 板所需的材料和工具准备好，并进行认真的稽核、检验，将稽核结果填写在表 2.1 中。

表 2.1　材料和工具稽核表

序　号	材料和工具	规　格	型　号	数　量	稽核结果
1					
2					
3					
4					
5					
6					
7					
8					
9					
10					

（二）印刷机开机

通过学习相关知识，完成以下子任务。

子任务：印刷机开机操作。

请思考：印刷机的基本结构？印刷机开机的步骤？印刷机开机过程中需要注意哪些事项？

四、相关知识

（一）SMT 的基本概念

1. SMT 和 SMA

电子电路表面组装技术（Surface Mount Technology，SMT）是一种将无引脚或短引脚表面组装元器件安放在 PCB 上，通过回流焊或浸焊等方法加以焊接组装的电路装联技术。

采用 SMT 组装的 PCB 级电子电路产品称为表面组装组件（Surface Mount Assembly，SMA）或印制电路板组件（Printed CircuitBoard Assembly，PCBA）。

2. SMT 组装工艺

SMT 组装焊接一般采用浸焊或回流焊接。若采用浸焊，先在 PCB 上点涂或丝网印刷上环氧树脂黏合剂,将片状元器件定位黏结在上面,通过加热或紫外线照射固化,然后在焊料熔槽内浸焊。若采用回流焊接,则在 PCB 上点涂或丝网印刷上锡膏,然后通过回流焊设备熔化焊料进行焊接。

SMT 主要工艺技术有锡膏涂敷、黏结剂涂敷、贴片、焊接、清洗、测试和返修等,其主要组装设备有锡膏丝网印刷机、点胶机、贴片机、回流焊炉、波峰焊炉、清洗设备、测试设备以及返修设备等。

3. SMT 组装系统

一般由丝网印刷机、贴片机和回流焊炉等主要设备组成 SMT 生产线,如图 2.2 所示,进而与其他辅助设备一起组成 SMT 组装生产系统。

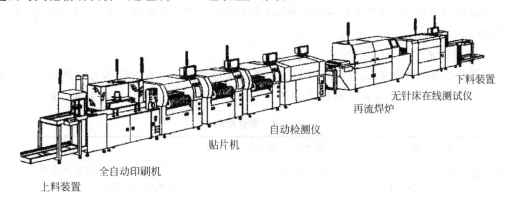

图 2.2 SMT 生产线基本组成

（二）SMA 组装方式

SMA 组装方式如表 2.2 所示。

表 2.2 SMA 的组装方式

序号	组装方式		组件结构	电路基板	元器件	特征
1	单面混合组装	先贴法		单面 PCB	表面组装元器件及通孔插装元器件	先贴后插,工艺简单,组装密度低
2		后贴法		单面 PCB	同上	先插后贴,工艺较复杂,组装密度高
3	双面混合组装	SMD 和 THC 都在 A 面		双面 PCB	同上	先贴后插,工艺较复杂,组装密度高
4		THC 在 A 面,A、B 两面都有 SMD		双面 PCB	同上	THC 和 SMD 组装在 PCB 的同一面
5	全表面组装	单面全表面组装		PCB 单面陶瓷基板	表面组装元器件	工艺简单,适用于小型、薄型化的电路组装
6		双面全表面组装		PCB 双面陶瓷基板	同上	高密度组装,薄型化

（三）锡膏（焊膏）

锡膏是表面组装回流焊接工艺必需材料,锡膏在常温下有一定的黏性,可将电子元器件暂时固定在 PCB 的焊盘上。当锡膏加热到一定温度时,锡膏熔融流动,浸润元器件的焊端与 PCB 焊盘,冷却后实现元器件焊端与 PCB 焊盘的互连,形成电气、机械性可靠连接。

1. 锡膏分类

按合金颗粒的成分可分为两种:有铅锡膏,如 Sn63 Pb37,熔点为 183℃;无铅锡膏,如 Sn3.0Ag0.5Cu 和 Sn0.3Ag0.7Cu,熔点都为 217℃。主要的差异在含银量的多少,高银锡膏的流性和扩散性好,但其单位成本也比较高。

按照清洗工艺分:有机溶剂清洗类、水清洗类、半水清洗和免清洗类。

按助焊剂活性分:R 级（无活性）、RMA 级（中度活性）、RA 级（完全活性）和 RSA 级（超活性）。

2. 锡膏组成

锡膏是由金属颗粒和助焊剂组成的一种触变性悬浮液。二者的比例为质量百分比金属颗粒占 90%～90.5%;体积百分比大约各占 50%。其化学组成与功能如表 2.3 所示。

表 2.3　锡膏组成

主 要 组 成		使用的主要材料	主 要 功 能
焊料合金颗粒		无铅焊料、Sn/Pb 焊料	实现元器件和电路间的机械电气连接
助焊剂	基材树脂	合成树脂、松香等	净化金属表面,固定、黏结贴装组件
	活化剂	有机酸、胺盐等	净化金属表面,提高焊料润湿性
	溶剂	醇类、酮类	溶解树脂,调整黏度,调节锡膏特性
	触变剂	溶剂、乳化石蜡等	分散树脂,防止锡膏结块,改善印刷特性

3. 锡膏包装标识

锡膏的保质期是 6 个月,使用前要检查是否在保质期内,品牌规格是否符合当前生产要求,锡膏包装标识如图 2.3 所示。

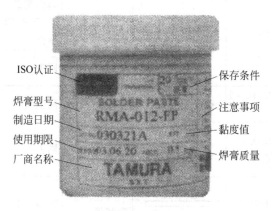

ISO认证　　　　保存条件
焊膏型号　　　　注意事项
制造日期
使用期限　　　　黏度值
厂商名称　　　　焊膏质量

图 2.3　锡膏包装识别

4. 锡膏的选用

锡膏选用主要遵循如下原则:

① 锡膏活性。可根据 PCB 和元器件存放时间及表面氧化程度来决定,一般采用 RMA 级,必要时采用 RA 级。

② 锡膏黏度。根据不同的涂覆方法选用不同黏度的锡膏,一般注射滴涂用的锡膏黏度为 $100\sim200$ Pa·s,丝网印刷用的锡膏黏度为 $100\sim300$ Pa·s,漏模板印刷用的锡膏黏度为 $200\sim400$ Pa·s。

③ 锡膏颗粒大小。精细间距印刷时选用球形细颗粒锡膏,一般 $25\sim45\mu m$。

④ 焊接方法。双面焊接时,由于锡在熔融状态下,其表面张力非常大,一般的小零件会在锡的表面张力的作用下,贴伏在板子上,即使零件在板子的下边,也不会脱落,如果实在无法避让,还可以做载具或者额外增加点胶的方式来避免零件的掉落。

⑤ 清洗方式。采用免清洗工艺时,要用不含氯离子或其他强腐蚀性化合物锡膏。

5. 锡膏的使用与保存

① 锡膏入厂后在瓶身之管制标签上注明冷藏编号,然后按编号依序放置于冰箱内进行冷藏,以便遵循先进先出原则。编号原则为第一码为月份,第二、三、四码为流水号。编号前须加锡膏型号。

② 锡膏冷藏管制,使用期限 3 个月,2h/次需作温度管制记录。锡膏冷藏的温度控制为 $2\sim10℃$。

③ 拆封后锡膏应在 12h 之内用完,超过 12h 未用完的锡膏,以新、旧锡膏各一半混合比例经机器自动搅拌后再投线使用。

④ 开封后锡膏有效期一般为 24h(密封保存),超过 24h 作报废处理。

⑤ 在待回温的锡膏瓶身上注明冷藏取出日期及时间,锡膏回温时间为 $4\sim8h$。

⑥ 回温后密封保存的锡膏,因其他原因未能及时使用时,置于冷藏冰箱中保存。开封后锡膏严禁再次冷藏。

⑦ 生产线停线 30min 以上,锡膏应刮出转入其他生产线。

⑧ 使用锡膏必须遵循先进先出原则,回收过的锡膏在下次生产中优先使用。

⑨ 锡膏使用之前必须搅拌。要特别注意锡膏在手动搅拌时,要从上往下搅拌,这样可以加速锡膏中分层的物质快速搅拌均匀,同时不会引入过多的空气。搅拌充分时用刮刀挑起能成线性自由落下,若刮刀挑起分段落下则未搅拌充分,如图 2.4 所示。

图 2.4　锡膏搅拌

6. 注意事项

① 锡膏对人体有害,勿溅到手上或眼中。

② 不同线别、不同机种可依实际生产需求供应不同型号、品牌的锡膏。

③ 锡膏过期及变质应停止使用并申请报废或退还原厂商处理。

④ 不同品牌型号锡膏严禁混合使用。

⑤ 锡膏由专人管制及分发（每 30min 添加一次，依锡膏滚动直径 1cm 为基准）。

⑥ 已印上锡膏的 PCB 在空气中放置超过 30min 必须清洗干净。

⑦ 如温度计显示有异常，立即反映给相关人员作改善。

⑧ 冷藏的锡膏不宜与冰箱壁相靠，以免影响整体温度。

⑨ 锡青易燃，应避免接近火源。若不慎着火，可用二氧化碳或化学干粉灭火器进行灭火，千万不可用水灭火。

⑩ 废弃的锡膏和清理后沾有锡膏污渍的清洁布不能随意丢弃，应将其装入密封容器中，并按国家相关规定处置。

（四）PCB

PCB 是 Printed Circuit Board 的缩写，中文含义是印制电路板，简称印制板、基板等。PCB 按基材的机械特性分为刚性电路板和柔性电路板，按导体图形的层数分，有单面板、双面板和多层板。

1. PCB 的结构

PCB 主要由印制线路、焊盘、丝印、阻焊膜、金手指、定位孔、导通孔、Mark 点等构成。

① 印制线路。印制线路是提供元器件之间电气连接的导电图形，是信号传输的主要通道。

② 焊盘。焊盘是用于电气连接和元器件固定的导电图形。

③ 丝印。丝印是标明元器件的名称、位置和方向。除对元器件的标注外，还包括 PCB 上的产品型号、版本、厂商标志和生产批号。但是丝印不能加工在焊盘上。

④ 阻焊膜。阻焊膜又称防焊膜，是在焊接过程中及焊接后提供介质和机械屏蔽的一种覆膜，主要是用来阻焊及防止 PCB 板面被污染。

⑤ 金手指。金手指是与主板进行信号传递的部分，一般制作在 PCB 的边缘，要求镀金良好。

⑥ 定位孔。定位孔是在组装过程中，用于固定 PCB 位置的孔。每一块 PCB 应在其角部位设置至少 3 个定位孔，以便在线测试时和 PCB 本身加工时进行定位。定位孔都是非金属化孔。定位孔的孔径一般在 3mm，与 PCB 边缘的距离在 3～5mm，在周围 2mm 内应无铜箔，并且不得贴装组件。

⑦ 导通孔。导通孔又称 VIA 孔，用来实现 PCB 各层之间的电气连接的金属化孔。导通孔可以分为通孔、盲孔、埋孔三种。通孔是贯穿连接 PCB 所有层面的金属化孔；盲孔是连接多层印制电路板外层与一个或多个内层的金属化孔；埋孔是在多层印制电路板内部，连接两个或两个以上内层的金属化孔。

⑧ 测试孔。测试孔用于印制电路板与印制电路板组件电气性能测试的电气连接孔。

⑨ 安装孔。安装孔是穿过元器件的机械固定脚、固定元器件于印制电路板上的孔，可以是金属化孔也可以是非金属化孔，形状因需要而定。

⑩ Mark 点。Mark 点又叫基准点，为装配工艺中的所有步骤提供共同的可测量点，即参考点，保证了装配设备能精确地定位电路图案，对 SMT 生产至关重要。

2. PCB 的稽核

PCB 验收与稽核标准可按照 IPC—A—600G 的有关规定。

PCB 稽核主要内容包括 PCB 尺寸测量、外观检测、导通性和绝缘性等性能检测、设计检测、特殊项目的破坏性检测。

① PCB 尺寸测量。PCB 尺寸测量是指测量 PCB 加工孔径和彼此间的距离,测量 PCB 外观尺寸,测量焊盘图形尺寸和位置尺寸。

② 外观检测。外观检测主要检测包装、PCB 表面结构状态。包装通常要求用无色气珠袋真空包装,内有干燥剂,包装紧密。PCB 表面要求无污渍、杂物、凹坑、锡渣残留;板面不得划伤、露底材;边缘经洗边后,不得有毛刺、缺口;多层板不得有分层等现象。PCB 表面的字符丝印必须清楚、明显,颜色符合规定,没有重复印刷、漏印刷、多印刷、位置偏位、错印等。印制线路不能出现短路、开路、导线露铜、铜箔浮离等现象。焊盘应均匀上锡,不能露铜、损伤、脱落、变形等。有金手指的 PCB 表面有光泽,无起泡、污点、铜箔浮离等现象。阻焊膜的颜色必须符合设计规定,且吸附性要强,不得有气泡现象出现。

③ 导通性和绝缘性能检测。导通性检测主要检测印制导线和各种孔的导通性;绝缘性检测主要检测 PCB 的印制导线之间、板层之间的绝缘电阻和绝缘强度;阻焊膜和其他绝缘层的检查。

④ PCB 破坏性检测。PCB 破坏性检测项目包括 PCB 翘曲和扭曲检测、PCB 可焊性检测、阻焊膜的完整性和耐热性测试、PCB 内部缺陷检测等项目。

（五）模板（钢板/钢网）

模板制造的设计和工艺是 SMT 中首先要解决和必须解决的关键问题。

1. 模板分类

按照模板制造工艺分化学蚀刻模板、激光模板和电铸模板。三种模板制造工艺技术性能比较如表 2.4 所示。

表 2.4　三种模板制造工艺技术性能比较

制造方法	化学蚀刻	激光切割	电铸
材料	不锈钢或黄铜	不锈钢	镍或镍钴合金
开口位置精度	差	高,$\pm 3\mu m$	同
开口尺寸	不准确	准确	准确
开口形状	碗状	自然锥度	自然锥度
开口尺寸误差/μm	± 20	± 5	± 5
锡膏释放	不良	中	优
成本	低	中	高
使用寿命	较短	较长	最长
孔壁形状	哑铃形	梯形	梯形
孔壁粗糙度/μm	8	1～3	0.6
台阶模板实现性	容易	困难	困难

2. 模板结构

模板结构主要包括以下三个部分:

① 模板材料。模板材料一般用不锈钢薄板材料,特殊要求用塑料或铜。

② 外框。外框（铝框）尺寸一般按印刷机说明中规定的尺寸而定。

③ 丝网。用于模板张网用的丝网材料,是保证印刷精度及长期使用精度、寿命的关键

材料。

3. 模板固定

① 模板开口图形在钢网板中的位置。模板开口在钢板中心或偏移一定距离,用 PCB 外形或对位标记做定位参考。

② 钢板相对外框的位置。钢板居中张网时,能达到最好的稳定、均匀、可靠性的机械张力和印刷效果。一般要求从外框内边到钢板外边缘距最少距离为 20mm;黏胶剂的黏结宽度一般为 18～25mm;钢板黏结部分的内边距开口部分最少为 50mm,以满足锡膏的释放和刮刀行程要求;张网力不小于 30N/cm,不均匀度小于 ±5N/cm。

4. 模板检查

使用时,要注意检查模板是否为设备标准使用配置的模板,是否与当前生产的 PCB 相一致,检查模板的张力、外框尺寸、表面是否有污染、有无破损或变形、开孔是否堵塞、外观是否良好等。

(六)刮刀

刮刀实物及示意如图 2.5 所示。刮刀分菱形刮刀和拖裙形刮刀两种。菱形刮刀可以从两个方向工作,印刷时只要一个刮刀工作,但锡膏很容易上移,黏连整个刮刀,现在不常用。拖裙形刮刀印刷时需两个刮刀工作,每个刮刀有单独的行程,锡膏不易黏连整个刮刀,目前使用很普遍。拖裙形刮刀又分为橡胶刮刀和金属刮刀两种。

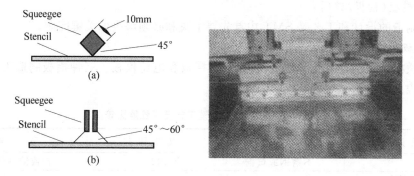

图 2.5　刮刀

1. 刮刀硬度

刮刀的硬度范围用颜色代号来区分,如表 2.5 所示。

表 2.5　刮刀硬度与颜色代号

硬 度 描 述	硬度范围(肖氏硬度)	颜　　色
非常软	60～65	红色
软	70～75	绿色
硬	80～85	蓝色
非常硬	90	白色

2. 刮刀检验

刮刀检验时,一看"外观",二看"形状",三试"硬度"。要求刮刀刀口无缺口,表面平整无变形。硬度要适中,太硬伤钢板,太软则刮不干净。可通过印刷判断,在钢网和设备参数无误的状态下试印刷,看钢网上面是否干净,若有锡膏糊在钢网上,说明刮刀硬度太小。钢刮刀的使用为 20 万次印刷次数,要求每月进行保养,确认刮刀的性能。

（七）无尘纸与无尘布

1. 无尘纸

无尘纸是干法非织造布的一种,具有独特的物理性能,高弹力,柔软,手感、垂感极佳,具有极高的吸水性和良好的保水性能,被广泛应用于微电子生产、LCD 显示、线路板生产及组装、无尘车间生产线的擦拭。

2. 无尘布

无尘布由 100% 聚酯纤维双编织而成,表面柔软,易于擦拭敏感表面,摩擦不脱纤维,具有良好的吸水性及清洁效率,主要应用在半导体芯片生产线、半导体装配生产线、LCD 显示类产品、线路板生产线、精密仪器、光学产品、航空工业、医疗设备、无尘车间和生产线。

（八）印刷机开机作业

1. 印刷机开机流程

NP—04LP 印刷机开机流程如图 2.6 所示。

2. 开机作业步骤

各种品牌的印刷机开机作业步骤基本相同。

（1）开机前,必须对机器进行检查开机前主要进行如下检查:①检查 UPS、稳压器,电源（220 V±10%）、空气压力（0.39MPa）是否正常;②检查紧急按钮是否被切断;③检查 X. Y. Table 上及周围部位有无异物放置。

（2）开机步骤,开机步骤为:①合上电源开关,待机器启动后,进入机器主界面。②单击"原点"按钮,执行原点复位;③编制（调用）生产程序;④程序 OK,试生产;⑤试生产 OK 后,转入连续生产。

（九）《IPC—A—610E》标准—印制电路板

现就印制电路板的检验标准摘录如下。

1. 金表面接触区域

① 目标—1,2,3 级。目标条件为:金表面接触区域上无污染。

② 可接受—1,2,3 级。可接受条件为:允许非接触区域上有焊料。

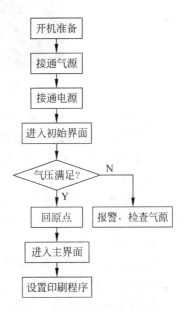

图 2.6　NP—04LP 印刷机
　　　　开机流程

③ 缺陷—1,2,3 级（见图 2.7）。表现为:金手指表面、引针或其他接触表面如键盘接触件的关键接触区域有焊料以外的任何其他金属、或任何其他污染物。

2. 层压板状况

（1）白斑和微裂纹

白斑是一种发生在层压基材内部,玻璃纤维在编织交叉处与树脂分离的情形,表现为在基材表面下分散的白色斑点或"十字纹",通常和热应力有关,如图 2.8 所示。

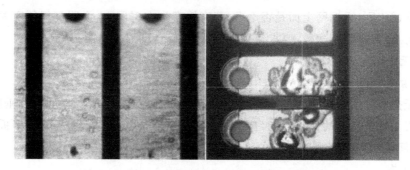

图 2.7　印制电路板金表面接触区域缺陷—1,2,3 级

图 2.8　印制电路板压层板状况—白斑

① 目标—1,2,3 级。条件为：无白斑迹象。

② 可接受—1,2 级。条件为：对白斑的要求是组件功能正常。

③ 制程警示—3 级。表现为：层压基板内的白斑区域超过内层导体间物理间距的 50%。

注：白斑不是缺陷条件。白斑是在热应力下可能不会蔓延的内部状况，且目前尚无定论证明白斑是导电阳极丝 CAF 生长的催化剂。分层是在热应力下可能蔓延的内部状况，且可能是 CAF 生长的催化剂。

微裂纹是一种发生在层压基材内部，玻璃纤维在编织交叉处与树脂分离的情形，表现为在基材表面下连续的白色斑点或"十字纹"，通常和机械应力有关，如图 2.9 所示。

① 目标—1,2,3 级。条件为：无微裂纹迹象。

② 可接受—1 级。条件为：对微裂纹的要求是组件功能正常。

③ 可接受—2,3 级。条件为：

• 层压基板内的微裂纹区域不超过非公共导体间物理距离的 50%。

• 微裂纹未使间距减少到最小电气间隙以下。

④ 缺陷—2,3 级。表现为：

• 层压基板内的微裂纹区域超过非公共导体间物理距离的 50%。

• 间距减到最小电气间隙以下。

• 板边缘处的微裂纹使导电图形到板边的距离减到最小距离以下，或无具体规定时，减少量大于 2.5mm[0.0984in]。

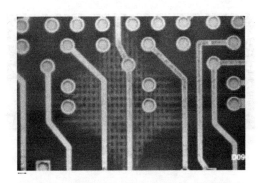

图 2.9　印制电路板压层板状况—微裂纹

（2）起泡和分层

起泡是一种表现为层压基材的任何层与层之间，或基材与导电箔或保护性涂层之间的局部膨胀与分离的分层形式，如图 2.10 中①所示。

分层为印制板内基材的层间、基材与导电箔间或任何其他面间的分离，如图 2.10 中②所示。

① 目标—1,2,3 级。条件为：无起泡或分层。

② 可接受—1,2,3 级。条件为：起泡/分层范围未超过镀覆孔间或内层导体间距离的 25%。

③ 缺陷—1,2,3 级。表现为：

• 起泡/分层范围超过镀通孔间或内层导体间距离的 25%。

• 起泡/分层使导电图形间距减少至最小电气间隙以下。

注：起泡或分层范围可能在组装或运行期间增加，这时可能需要制定单独的要求。

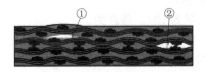

图 2.10　印制电路板压层板状况—起泡和分层

（3）显布纹/露织物

显布纹是基材表面的一种状况，虽然未断裂的纤维完全被树脂覆盖，但显现出玻璃布的编织花纹。

① 可接受—1,2,3 级（见图 2.11），条件为：显布纹对于所有级别都可接受，但因其与露织物相似的表面特征而很容易与之混淆。

注：可用显微剖切图片作为显布纹的佐证。

露织物是基材表面的一种状况，未断裂的编织玻璃布纤维没有完全被树脂覆盖。

② 目标—1,2,3 级（见图 2.12），条件为：未露织物。

③ 可接受—1,2,3 级，条件为：露织物未使导电图形间距减少到规定的最小值以下。

④ 可接受—1 级和缺陷—2,3 级，表现为：表面损伤切入层压板纤维。

⑤ 缺陷—1,2,3 级，要求为：露织物使导电图形间距减小至最小电气间隙以下。

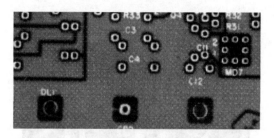

图 2.11 印制电路板压层板状况—显布纹

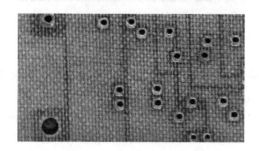

图 2.12 印制电路板压层板状况—露织物

（4）晕圈和边缘分层

晕圈是存在于基材中的一种状况，表现形式为孔周围或其他机械加工区附近的基材表面或表面下的亮白区域。

① 目标－1,2,3 级。条件为：

· 无晕圈或边缘分层。

· 平滑的板边无缺口/损伤。

② 可接受－1,2,3 级（见图 2.13）。条件为：

· 晕圈或边缘分层的穿透范围未使由图纸注释或相关文件所规定的边距减少量超过50％。若无规定，晕圈或边缘分层与导体的距离要大于 0.127mm[0.005in]。晕圈或边缘分层的最大范围不超过 2.5mm[0.0984in]。

· 板边缘粗糙但未磨损。

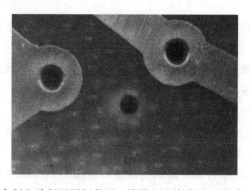

图 2.13 印制电路板压层板状况：晕圈和边缘分层可接受－1,2,3 级

③ 缺陷－1,2,3 级。表现为：

- 晕圈、边缘分层或布线的穿透范围使由图纸注释或等效文件所规定的边距减少量超过 50%。若无规定，晕圈或边缘分层与导体的距离要大于或等于 0.127mm[0.005in]。晕圈或边缘分层的最大范围大于 2.5mm[0.0984in]。
- 层压板有裂纹，见图中箭头处。

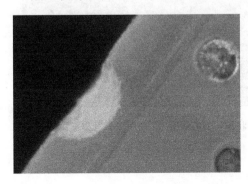

图 2.14　印制电路板压层板状况：晕圈和边缘分层缺陷－1,2,3 级

（5）烧焦

① 缺陷－1,2,3 级，表现为：造成表面或组件有形损坏的烧焦。

② 可接受－1,2,3 级，条件为：弓曲和扭曲未造成焊接后的组装操作或最终使用期间的损伤。要考虑"外形、装配和功能"以及产品的可靠性。

③ 缺陷－1,2,3 级，表现为：弓曲和扭曲造成焊接后的组装操作或最终使用期间的损伤或影响外形、装配或功能。

（6）分板

① 目标－1,2,3 级。条件为：边缘平滑无毛刺、缺口或晕圈。

② 可接受－1,2,3 级（见图 2.15）。可接受条件为：

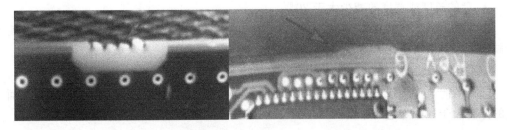

图 2.15　印制电路板压层板状况：分板可接受－1,2,3 级

- 边缘粗糙但未磨损。
- 缺口或铣切边未超过从板边与最近导体之间距离的 50% 或 2.5mm[0.098in]，取两者中的较小者。
- 边缘状况—松散的毛刺未影响装配、外形或功能。

③ 缺陷－1,2,3 级（见图 2.16）。表现为：

- 边缘磨损。

- 缺口或铣切边超过从板边与最近导体之间距离的 50％ 或 2.5mm[0.098in]，取两者中的较小者。
- 边缘状况。松散的毛刺影响了装配、外形和功能。

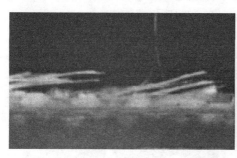

图 2.16　印制电路板压层板状况：分板缺陷－1,2,3 级

3. 导体/焊盘

（1）导体/焊盘—横截面积的减少

对于 2 级和 3 级产品，任何缺陷的组合不能使导体等效横截面积（宽度×厚度）的减少超过其最小值（最小宽度×最小厚度）的 20％，对于 1 级产品，则不能超过 30％。

导体宽度减少表示所允许的由于各孤立缺陷（即：边缘粗糙、缺口、针孔和划伤）引起的导体宽度（规定的或推算的）的减少，对于 2 级和 3 级产品，不能超过最小印制导体宽度的 20％，对于 1 级产品，则不能超过 30％。

① 缺陷－1 级。表现为：
- 印制导体最小宽度的减少大于 30％。
- 焊盘最小宽度或最小长度的减少大于 30％。

② 缺陷－2,3 级。表现为：
- 印制导体最小宽度的减少大于 20％。
- 盘的长度或宽度的减少大于 20％。

注：即使横截面积上微小的改变也会对射频电路的阻抗产生很大的影响。可能需要为射频电路开发不同与此的要求。

（2）层压板状况：导体/焊盘—垫/盘的起翘

① 缺陷－1,2,3 级（见图 2.17）。表现为：导体或 PTH 焊盘的外边缘与层压板表面之间的分离大于一个焊盘的厚度。

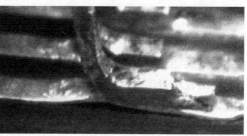

图 2.17　层压板状况：导体/焊盘—垫/盘的起翘缺陷－1,2,3 级

② 缺陷—3 级。表现为：

* 任何带未填充导通孔或孔内无引线导通孔的盘的起翘。

层压板状况：导体/焊盘—机械损伤

③ 缺陷—1,2,3 级（见图 2.18）。表现为：功能导体或盘的损伤影响到外形、装配或功能。

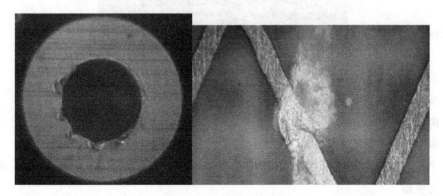

图 2.18　层压板状况：导体/焊盘—机械损伤缺陷—1,2,3 级

4. 标记

(1) 蚀刻

① 可接受—1 级和制程警示—2,3 级。条件为：字符形状不规则，但字符与标记的基本意图是可辨识的。

② 缺陷—1,2,3 级。表现为：

* 标记中有缺损或模糊的字符。
* 标记违反最小电气间隙。
* 字符内或字符间或字符与导体间有焊料桥接，阻碍了字符的辨认。
* 构成字符的线条缺损到无法辨读，或可能导致与其他字符混淆。

(2) 丝印

目标—1,2,3 级（见图 2.19）。条件为：

* 每个数字或字母完整，即构成字符的线条无任何缺损。
* 极性和方向标记清晰可见。构成字符的线条分明、线宽一致。
* 构成标记的印墨均匀，无过薄或过厚。
* 字符内的空白部分未被填充（适用于数字 0、6、8、9 和字母 A、B、D、O、P、Q、R）。
* 无重影。
* 印墨限制在字符笔画上，即字符没有被涂抹，并且字符以外的印墨堆积保持在最低程度。
* 印墨标记可以触及或横跨导体，但只能与被要求焊料填充的焊盘相切。

(3) 盖印

目标—1,2,3 级（见图 2.20）。条件为：

* 每个数字或字母完整，即构成字符的线条无任何缺损。

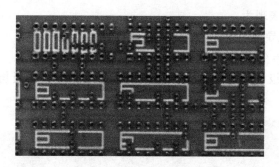

图 2.19　标记：丝印目标－1,2,3 级

- 极性和方向标记清晰可见。
- 构成字符的线条分明、线宽一致。
- 构成标记的印墨均匀,无过薄或过厚。
- 字符内的空白区域未被填充(适用于数字 0、6、8、9 和字母 A、B、D、O、P、Q、R)。
- 无重影。
- 印墨限制在字符笔划上,即字符没有被涂抹,并且字符以外的印墨堆积保持在最低程度。
- 印墨标记可以触及或横跨导体,但不能与焊盘相切。

图 2.20　标记：盖印目标－1,2,3 级

五、问题探究

归纳锡膏印刷前需要准备的工具及材料。

六、拓展训练

以 8 个学生为小组,课后查阅资料,每组找一个与上课所用型号不同的印刷机,熟悉机器结构和开机流程,下节课可以用图片结合文字的形式以小组为单位汇报展示。

任务 2.1.2　印刷机编程与锡膏印刷

一、任务目标

- 能了解印刷机各部件的作用,印刷机的工作原理和使用规范。
- 能掌握印刷机编程流程,能对 Mark 位置、PCB 参数、印刷工作平台参数、基板停止位置参数、钢板高度参数、刮刀高度与刮刀行程等参数进行设定。
- 会安装模板和刮刀。
- 能掌握锡膏印刷技术。

- 能够进行印刷不良与缺陷分析。

二、工作任务

- 安装模板和刮刀,进行开机。
- 编写印刷程序,对各个参数进行正确设定。
- 对 HE6105 示波器水平放大电路进行锡膏印刷。
- 分析印刷不良,调整印刷参数。

三、任务实施

将之前稽核的 HE6105 示波器水平放大电路的 PCB 板、锡膏和模板准备到位。将学生分成若干小组,每组制订一个印刷方案,根据实际需要正确编写程序,推选一位代表设定印刷参数,进行锡膏印刷操作。每组分析实际印制电路板的印刷不良问题及对策。

通过学习相关知识,完成以下子任务。

> 子任务 1:安装模板和刮刀。
> **请思考**:安装模板和刮刀的步骤及注意事项。
> 子任务 2:设置印刷机的工艺参数。
> **请思考**:印刷机需要对哪些参数进行设定?刮刀速度、角度、压力和切入量应该如何确定?锡膏的供给量如何设置?脱板速度如何设定?
> **难点**:印刷机各工艺参数的正确合理设置。
> 子任务 3:印刷作业。
> **请思考**:丝网漏印和模板漏印的工艺过程?两者的区别在哪里?手工印刷锡膏的步骤?手工印刷锡膏有哪些需要注意的?
> 子任务 4:检验印刷质量。
> **请思考**:印刷不良可能出现哪些现象?产生这些缺陷的原因有哪些?这些缺陷可能带来哪些危害,应该如何应对?

四、相关知识

(一)模板和刮刀安装

1. 模板安装

首先打开机盖,然后将模板放入安装框,抬起一点轻轻向前滑动,然后按下主控面板上的"夹紧"按钮,将模板锁紧。在这个过程中,首先要确保模板能两侧平行地进入安装框,其次要保证模板安装后其基准点立刻显示在屏幕上。

2. 刮刀安装

① 将刮刀头移到前边,方便工作人员操作。

② 打开机盖,安装刮刀,拧紧刮刀的安装旋钮。大部分印刷机都采用刮刀自动平衡装置,基本上不需要进行刮刀左右平衡调整工作。对于刮刀的角度,固定时一般以 60° 固定,如果对刮刀固定角度有特殊需要的话,必须更换刮刀固定器。

在安装刮刀过程中,要轻拿轻放,防止因剧烈碰撞造成刮刀变形。在生产、运输、存放的过程中要避免与硬物碰触而损伤刮刀。

（二）印刷机工作参数的设定

印刷机编程按照印刷条件设定→印刷条件确认→标记登录→位置确认→试生产的流程进行。印刷条件主要参数设定如表 2.6 所示。

表 2.6 印刷参数含义

项　目	参　数	功　能	
基板参数设定	X(长)	基板流向方向尺寸(X 轴方向尺寸)	
	Y(宽)	与基板流向成 90°,方向尺寸(Y 轴方向尺寸)	
	T(厚)	基板厚度	
	Mark 3(X,Y)	标记 3 的 X 轴、Y 轴位置(从基板左下角起)	标记 3 和标记 4 对应于基板,标记 1 和标记 2 对应于钢网
	Mark 4(X,Y)	标记 4 的 X 轴、Y 轴位置(从基板左下角起)	
	标记辨认有无	辨认定位有/无	
刮刀行程数据	开始位置 A,B	刮刀 A 和 B 开始所处位置	
	结束位置 A,B	刮刀 A 和 B 结束所处位置	
	印刷压力 A,B	刮刀 A 和 B 印刷压力	
	速度 A,B	刮刀 A 和 B 印刷速度	
	角度	固定(60°)	
	上升延迟时间	刮刀移动后至上升的等待时间	
离网参数	下降延时时间	工作台从开始下降到最低点所使用的时间	
	离网速度	离网时的平均速度	
	离网距离	离网时的运动距离	
真空装夹装置	有/无真空吸附	真空夹紧装置有/无	
钢网清洁	清洁间隔时间	钢网清洁间隔时间由印刷基板数量而定	
	循环模式 1,2	清洁反复次数。循环模式的一种模式重复数量结束后转到另一种模式进行清洁	
	近边位置	清洁区近边位置	
	远边位置	清洁区远边位置	
	移动速度	清洁速度	
锡膏添加	间隔时间	锡膏添加间隔时间由印刷数量决定(印刷机没有锡膏添加装置)	
	模式	自动/手动转换 自动:锡膏自动添加时,蜂鸣器鸣响 手动:需要手动添加锡膏时,蜂鸣器鸣响	印刷机有锡膏添加装置
	间隔时间	锡膏添加间隔时间由印刷基板个数而定	
	添加位置	锡膏添加位置	
	锡膏添加器移动开始的延迟时间	锡膏添加开始后,至锡膏添加器开始移动时的等待时间	
	锡膏添加器回原点的延迟时间	锡膏添加停止后,至锡膏添加器回原点的等待时间	

① MARK 点。通常选择基本的左下角点为原点,MARK 点位置是指其中心到基板左下角点的位移。

② 刮刀速度。在印刷过程中,锡膏需要时间滚动并流进网板的孔中,所以刮刀刮过模板的速度控制相当重要。最大印刷速度取决于 PCB 上 SMD 的最小脚距,在进行高精度印刷时(脚距≤0.5mm),印刷速度一般在 20～30mm/s。

③ 刮刀角度。通常刮刀角度小,形成的转移深度就深,换言之,角度小的刮刀,造成的界限压力就大。通过改变刮刀角度可以改变所产生的压力。

④ 印刷压力。刮刀压力的改变对印刷质量影响重大。压力太小,导致 PCB 上锡膏量不足;压力过大,则导致模板背后渗漏。A、B 前后两个刮刀,独立设置压力,印刷压力通常设置为默认的 1.3 * 0.1MPa 就可以了,之后可根据印刷质量调整。

⑤ 锡膏的供给量。当刮刀角度为 60°时,转移深度变化最小。印刷压力随着锡膏供给量增加而加大。

⑥ 刮刀硬度、材质。印刷用刮刀通常都采用合金、聚酯橡胶等做成,合金材料做的刮刀因其硬度高,不会像聚酯橡胶类刮刀那样切入网板开口部,在印刷压力设定后,印刷中不会产生大的质量问题。聚酯橡胶做成的刮刀对电路基板的凹凸不平有良好的追随性,只是因为会发生印刷过程中的刮刀端部切入网板开口部不良现象。刮刀的硬度也会影响锡膏的厚薄,太软的刮刀会使锡膏凹陷。

⑦ 切入量。为了控制印刷中刮刀尖端部对网板开口部的切入量,在调整合适压力的同时,应保证刮刀的移动平面与基板面的共面性。

⑧ 脱板速度。印制板与模板的脱离速度也会对印刷效果产生影响,理想的脱离速度如表 2.7 所示。

表 2.7　推荐的脱板速度

引脚间距/mm	推荐速度/(mm/s)
少于 0.3	0.1～0.5
0.4～0.5	0.3～1.0
0.5～0.65	0.5～1.0

⑨ 印刷厚度。模板印刷的印刷厚度基本由模板的厚度决定,并与锡膏特性及工艺参数有关。模板厚度与 SMD 引脚间距密切相关,当脚距为 0.3mm 时,模板厚度一般取 0.1mm,印刷后锡膏厚度约为 0.09～0.1mm;当脚距为 0.5mm 时,模板厚度一般取 0.15mm,印刷后锡膏厚度约为 0.13～0.15mm。印刷厚度的微量调整,一般是通过调节刮刀速度和刮刀压力来实现。

⑩ 模板清洗。在锡膏印刷过程中一般每印 10 块左右 PCB,就需对模板底部清洗一次,以清除其底部的附着物,通常采用无水酒精等溶剂作为清洗液。

(三)锡膏涂敷技术

锡膏涂敷是将锡膏涂敷在 PCB 的焊盘图形上,为 SMC/SMD 的贴装、焊接提供黏附和焊接材料。锡膏涂敷主要有非接触印刷和直接接触印刷两种方式。非接触印刷常指丝网漏印,直接接触印刷则指模板漏印。

1. 丝网漏印

丝网漏印工艺过程如图 2.21 所示。其特点是位置准确、涂敷均匀、效率高。丝网漏印所用的丝网印刷机主要有手动、半自动、视觉半自动和全自动四种类型。手动式精度最低，但价格便宜。半自动（尤其带视觉）精度最高。最简单的丝网印刷机的外形结构与油印机相同。而高效能、高精度的印刷机则采用逻辑线路控制，其印刷速度、压力、角度均可调节，以确保印刷质量。

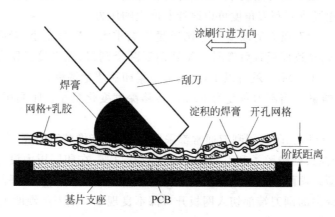

图 2.21　丝网印刷工艺过程

丝网印刷技术包括丝网制板技术和丝网印刷技术。

（1）丝网制板技术

丝网制板就是制作网板，网板是丝网印刷机的关键部件。它由网框、丝网和掩膜图形构成。一般掩膜图形用适当的方法制作在丝网上，丝网则绷在网框上。用不锈钢丝网时，通常在不锈钢金属网上，涂敷一层感光乳剂，使其干燥成为感光膜。然后将负底片紧贴在感光膜上，用紫外线曝光。曝光的部分聚合成为持久的涂层，未曝光的部分用显影剂将其溶解掉。这样，在需要沉积锡膏、黏结剂的部位形成漏孔，干燥后，不锈钢金属网上的感光膜就成为印刷用网板。丝网制好绷紧在网框上后，通过乳剂涂敷和感光制板制成供印刷用的精确掩膜图形，这是丝网制板的关键工序，也是确保印刷锡膏可靠性的关键所在。

（2）丝网印刷技术

丝网印刷技术是采用已经制好的网板，用一定的方法使丝网和印刷机直接接触，并使锡膏在网板上均匀流动，由掩膜图形注入网孔。当丝网脱开 PCB 时，锡膏就以掩膜图形的形状从网孔脱落到 PCB 的相应焊盘图形上，从而完成了锡膏在 PCB 上的印刷。完成这个印刷过程而采用的设备就是丝网印刷机。

2. 模板漏印

模板漏印属直接印刷技术，它是用金属漏模板代替丝网印刷机中的网板。所谓漏模板是在一块金属片上，用化学方式蚀刻出漏孔或用激光刻板机刻出漏孔。此时，锡膏的厚度由金属片的厚度确定，一般比丝网印刷的厚。

根据漏模板材料和固定方式，可将漏模板分成三类：网目/乳胶漏板、全金属漏板、柔性金属漏板。网目/乳胶漏板的制作方法与丝网网板相同,只是开孔部分要完全蚀刻透,即开孔处的网目也要蚀刻掉,这将使丝网的稳定性变差,另外这种漏板的价格也较贵;全金属漏板是将金属漏板直接固定在框架上,它不能承受张力,只能用于接触印刷,这种漏板的寿命长,但价格也贵;柔性金属漏板是利用金属漏板四周的聚酯与框架相连,并以$(30\sim223)\text{N/cm}^2$的张力张在网框上,使它保持一定的张力,这种方式既具备了金属漏板的刚性,又具备了丝网的柔性,能进行非接触印刷,因此应用最广泛。

3. 丝网印刷和模板漏印的比较

① 丝网印刷是非接触印刷,而模板漏印有接触和非接触印刷两种类型。

② 丝网印刷是一种印刷转移技术,模板漏印是一种直接印刷技术。

③ 在模板漏印中,模板上的直通开孔提供了高的可见度,容易对准,并且开孔不会堵塞,容易得到优良的印刷图形,并易于清洗。

④ 模板漏印可进行选择印刷,而丝网印刷则不行。

⑤ 这两种印刷技术采用的印刷机在结构上有一定的差别,印刷方式亦不相同。另外,模板漏印可采用手工印刷,而丝网印刷则不能采用手工印刷。

(四)锡膏印刷机

锡膏印刷机是组成 SMT 组装系统或 SMT 生产线的主要设备,用于将锡膏(膏状焊料)涂敷在未贴装有元器件的 PCB 的焊盘上。目前,在 SMT 组装系统或 SMT 生产线中配置的锡膏印刷机一般均为全自动印刷机。

如图 2.22 所示,全自动锡膏印刷机基本功能主要有:

① 在线接受控制程序或调用系统已存储控制程序。

② 将 PCB 自动传送到待涂敷位置,并用光学自动检测系统进行精确定位。

③ 将锡膏自动添加至丝网或网板上。

④ 按控制程序自动完成刮刀刮印等印刷涂敷系列动作。

⑤ 将涂敷完毕的 PCB 自动送出。

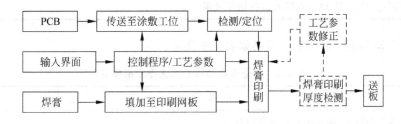

图 2.22　全自动锡膏印刷机基本功能

全自动锡膏印刷机的各种基本功能,主要由 PCB 传送、PCB 定位、PCB 光学对中、刮刀装置、计算机控制、动力驱动等装置配合完成。

(五)手动印刷和自动印刷

锡膏手动印刷指导书如表 2.8 所示。

表 2.8　锡膏手动印刷工艺作业指导书

作 业 内 容
1. 目的：提高印刷质量、确保炉后产品的焊接质量
2. 适用范围：适用于本中心锡膏手动印刷工艺
3. 权责：负责印刷设备的正确使用、清洁和保养,负责印刷质量的监督和技术指导
4. 印刷条件 (1) 刮刀硬度为肖氏硬度 80°～90°；材质为橡胶或不锈钢；刮刀速度为 25～150mm/s；刮刀角度为 45°～60° (2) 印刷环境应在 18～25℃,相对湿度 40％～80％ (3) 印刷压力,以印刷后的印刷面没有残留锡膏为准
5. 印刷操作步骤 (1) 作业前确认钢网、锡膏、PCB ① 检查金属钢网设计和制造是否与工艺要求相一致 ② 在金属钢网被安装固定到印刷机之前,应检查钢网表面是否清洁；窗口开口是否堵塞；钢网是否碰伤和损伤 ③ 将 PCB 固定到工作台上并检查是否稳定可靠,当固定好以后升高工作台使 PCB 恰好与金属钢网表面接触。然后将 PCB 焊盘图形与钢网开口窗口对准吻合,按要求调整印刷间隙 ④ 使用的锡膏应符合要求,一定要检查锡膏的质量,特别是保存有效期限 ⑤ 安装调整。将刀口平整的金属或橡胶刮刀调整印刷压力、印刷速度以及印刷角度等参数 (2) 首先试印一块 PCB,然后判定和检查试印的质量和效果。在质量达到要求后进行批量生产,记录操作参数 (3) 如果检测到印刷质量缺陷,必须用刮板刮掉多余的锡膏,并在清洗系统中清洗,重新印刷 (4) 印刷完成后,对刮刀进行清洗,检查钢网是否完好无损,清洗干净妥为保管,同时还要清洁印刷机 (5) 最后在工序流程单上签字,表明作业已完成
6. 注意事项 (1) 作业前准备好必要的辅料用具,如锡膏、酒精、风枪、无尘纸及白碎布,戴好静电带 (2) 手擦钢网频率为 1 次/15 块 PCB。手擦网后在“人工清洗钢网记录表”中记录时间及次数,并签名 (3) 对于失效、过期的锡膏必须交 PIE 工程师确认后作报废处理 (4) 每次擦网重点检查 IC 位置钢网开口处擦网效果

锡膏全自动印刷工艺作业指导书如表 2.9 所示。

表 2.9　锡膏全自动印刷工艺作业指导书

作 业 内 容
1. 目的：提高印刷质量、确保炉后产品的焊接质量
2. 适用范围：适用于本中心锡膏自动印刷工艺
3. 权责：负责印刷设备的正确使用、清洁和保养,负责印刷质量的监督和技术指导

作 业 内 容
4. 作业步骤 (1) 印刷锡膏作业前确认程序软件名称、锡膏类型、PCB、钢网 ① 程序名称是否为当前生产机种,版本是否正确 ② 锡膏型号:锡膏 P/N,NCR63—P22—Ⅰ;保存条件:2~10℃,密封,出厂后六个月;解冻要求:室温条件下解冻 3~4h,出冰箱后 24h 之内用完 ③ PCB 是否用错,有无不良 ④ 使用钢网型号是否正确,钢网使用状态是否良好 ⑤ 锡膏搅拌。机器搅拌时间为 3~4min;人工搅拌时顺时针匀速搅拌,搅拌过的锡膏必须表面细腻,用搅刀挑起锡膏,锡膏可匀速落下长度保持 5cm 左右 (2) 添加锡膏 ① 加锡膏量:首次加锡 500g;生产过程中加锡,每小时加一次,约 100g。每次加锡膏后填写《加锡膏登记表》 ② 加锡膏后的处理:每 30min 必须对外溢的锡膏进行收拢 (3) 钢网和刮刀的清洁:清洗频率,每 12h 一次;清洗模式,湿洗＋干洗。清洗后在《钢网、刮刀清洁记录表》作相应记录 (4) 印刷机参数设定:前后刮刀压力 5~10.5g/mm;擦网频率 1 次/10Panel;刮锡膏速度 10~20mm/s;分离速度 0.3~0.5mm/s;印刷间隙 0mm;分离距离 0.8~3mm
5. 注意事项 ① 作业前准备好必要的辅料用具如锡膏、酒精、风枪、无尘纸及白碎布,戴好静电带 ② 当不使用机器自动擦网或机器擦网出现异常或擦网效果不好时,必须手擦。手擦钢网频率为 1 次/15 块 PCB ③ 对于失效、过期的锡膏必须交老师确认后作报废处理 ④ 每次擦网重点检查 IC 位置钢网开口处擦网效果 ⑤ 如果出现异常情况时,堆板时间不超过 2h,否则对其用超声波进行清洗后,方可投线使用

(六) 印刷质量检验

1. 检验方法

① 目视检验。将已印刷好的 PCB 放在 2~5 倍放大镜下,用目测的方法和优良的印刷图形相比较找出其印刷缺陷。目视检验适合于组装密度较低、IC 器件引脚较少的 PCB。

② 3D AOI 检验。3D AOI 实时在线系统不仅可以检查锡膏沉积的焊盘范围和沉积的位置,而且可检测锡膏沉积的高度和体积。

2. 印刷不良现象、原因及对策

影响印刷因素可用鱼骨图法分析,如图 2.23 所示。印刷不良现象、原因及对策如表 2.10 所示。

表 2.10　印刷不良现象、原因及对策

序号	缺　陷	原　因	危　害	对　策
1	锡膏图形错位	钢板对位不当与焊盘偏移，印刷机印刷精度不够	易引起桥连	调整钢板位置，调整基板 MARK 点设置
2	锡膏图形拉尖，有凹陷	刮刀压力过大，橡胶刮刀硬度不够，窗口太大	焊料量不够，易出现虚焊，焊点强度不够	调整印刷压力，换金属刮刀，改进模板窗口设计
3	锡膏量过多	模板窗口尺寸过大，钢板与 PCB 之间的间隙太大	易造成桥连	检查模板窗口尺寸，调节印刷参数，特别是印刷间隙
4	锡膏量不均匀，有断点	模板窗口壁光滑不好，印刷次数多，未能及时擦去残留锡膏，锡膏触变性不好	易引起虚焊缺陷	擦洗模板
5	图形玷污	未能及时擦干净模板，锡膏质量差，钢板离开时有抖动	易桥连	擦洗模板，换锡膏

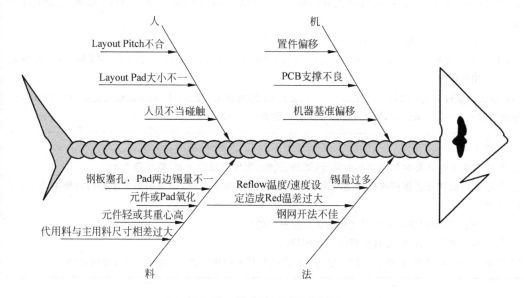

图 2.23　影响印刷因素分析图

（七）印刷结束关机

1. 关机作业流程

关机流程和开机流程正好相反。

① 生产结束后，退出程序。

② 将刮刀头移至前端。

③ 推出钢网，卸下刮刀。

④ 单击"系统结束"按钮，关闭主电源开关。

2. 印刷结束工作

① 印刷结束剩余锡膏处理。印刷结束用刮刀将剩余锡膏刮入空的锡膏瓶中，下次印刷取新锡膏以 1∶1 比例与其混合，搅拌均匀再使用。

② 退出并清洁钢网。

③ 清洁刮刀上锡膏。

④ 操作桌面整理和设备内外部清洁。

（八）印刷机操作注意事项

① 操作员需经考核合格后，方可上机操作，严禁两人或两人以上同时操作同一台机器；

② 作业人员每天须清洁机身及工作区域；

③ 机器在正常运作生产时，所有防护门盖严禁打开；

④ 实施日保养后须填写保养记录表。

五、问题探究

1. 2010 年 9 月 12 日，TTB 公司在 SMT3 线生产传输 SS61SD4A 单板时，过炉后突然发现部分 IC 有连锡现象，在印刷机处发现印刷整体偏移。因及时发现，临时将钢网朝 X 轴方向调整偏移 −0.228mm，调整后仍有微量的不稳定，但尚符合生产要求。

针对上述现象进行分析，写出一份问题分析报告，报告内容主要包括问题的原因、改进措施和经验教训。

2. 印刷中各个参数设定不对，会出现什么样的不良现象？

六、拓展训练

对华阳电器制造有限公司漏电保护器主板 JLZ—11—200 产品（见图 2.24）实施印刷作业。

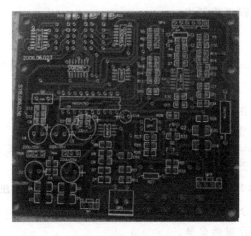

图 2.24　漏电保护器主板 JLZ—11—200

模块 2.2　SMT 贴片

通过本模块的学习你将能够回答以下问题：

1. SMT 贴片前需要做哪些准备工作？

2. SMT 贴片机如何编程,参数如何设置?

3. 贴片的工艺标准是什么? 怎么进行贴片缺陷判定和处理?

通过本模块的学习使学生了解表面贴装元件的贴片工艺流程,掌握贴片前物料的正确稽核;能识读工艺文件;能使用和调整供料器上料;能编写贴片程序,进行参数设置;能熟练进行贴片生产;能根据《IPC—A—610E》相关工艺标准,正确进行贴片不良分析与处理。

能力目标:能正确稽核贴片前的物料;能熟练编制贴片机生产程序,实施贴片作业,优化贴片参数设置;会检测贴片品质,分析解决贴片不良问题。

素质目标:培养自主学习的能力,在完成任务过程中能发现问题,分析和解决问题;培养团队合作意识;能严格进行安全、文明、规范的操作,5S、ESD 到位。

任务 2.2.1　贴片前的准备工作

一、任务目标

- 能对 PCB 焊盘表面锡膏涂覆进行稽核。
- 能正确识别各种表面组装元器件。
- 掌握供料器的用途、类型和使用方法。
- 能对贴片机结构有一个大概的了解,掌握开机流程。

二、工作任务

- 对贴片所需的物料和已涂覆锡膏的 PCB 进行稽核。
- 按贴片机开机流程正确开机。

三、任务实施

任务引入:展示 HE6105 示波器水平放大电路已涂覆好锡膏的 PCB 板。本任务主要学会物料稽核和贴片机开机。

(一)识读贴片元器件及其包装

通过学习相关知识,完成以下子任务。

子任务 1:识读表面组装元器件。

请思考:常见的贴片元器件有哪些? 贴片电阻如何识读其阻值? 贴片电解电容如何识别电容量,如何区分正负极?

子任务 2:识别贴片组件包装。

请思考:贴片组件有哪些包装形式? 各有什么优缺点? 常用贴片元器件一般采用什么样的包装形式?

(二)准备贴片作业

通过学习相关知识,完成材料准备与稽核任务。

各小组将 HE6105 示波器水平放大电路 PCB 贴片所需的材料和工具准备好,并进行认真的稽核、检验,将稽核结果填写在表 2.11 中。

表 2.11　材料和工具稽核表

序号	材料	规格	型号	包装形式	数量	稽核结果
1						
2						
3						
4						
5						
6						
7						
8						
9						
10						
11						
12						
13						
14						

（三）贴片机开机作业

通过学习贴片机开机作业流程，完成贴片机的开机操作任务。

请思考：贴片机的开机操作流程是怎样的？贴片机开机过程中要注意哪些事项？

四、相关知识

（一）贴片组件包装

1. 编带包装

编带是应用最广泛、时间最久、适应性强、贴装效率高的一种包装形式，已经标准化。除部分 QFP、PLCC、LCCC 外，其余元器件均可采用这种包装方式。编带包装所用的编带主要有纸带、塑料带和粘接带三种，尺寸主要有 8、12、16、24、32、44mm。

（1）纸编带

纸编带由基带、纸带和盖带组成（见图 2.25），是使用较多的一种编带。带上的小圆孔是进给定位孔。矩形孔是片式元件的定位孔，也是承料腔，其由元件外形尺寸而定。纸带编带的成本低，适合高速贴装机使用。目前大多数片式电阻，片式瓷介电容都用这种编带。

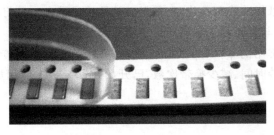

图 2.25　8mm 纸编带尺寸

纸编带的包装过程是在专用设备（Feeder，中文名：飞达，分为机械 Feeder 和电子 Feeder 两种）上自动完成的，其过程为：基带材料供给→撕膜（将塑料覆盖膜红纸基带分离）→材料供给到位（塑料覆盖膜撕开后，Feeder 会在贴片机的动作（机械 Feeder）或指令（电子 Feeder）的作用下，将纸基带连同材料原件一起供应到 Feeder 的置件平台上）→吸嘴（Nozzle）吸取材料→准备下一颗料（废弃纸基带和覆盖膜向前运动，离开置件平台）。

（2）塑料编带

塑料编带因载带上有元件定位的料盒也被做成为"凸型"羔编带（见图 2.26）。它除了带宽范围比纸带大外，包装的元器件也从矩形扩大到圆柱形、异形及各种表面贴装元件，如铝电解电容、滤波器、小外形封装电路等。

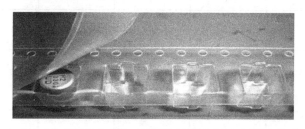

图 2.26 塑料编带尺寸

塑料编带由附有料盒的载带和薄膜盖组成。载带和料盒是一次模塑成形的，其尺寸精度好，编带方式比纸带简便。包装时，由专用供料装置，将元器件依次排列后逐一编入载带内，然后贴上盖带卷绕在带盘上。为防止静电使元器件受损或影响贴装，通常事先在塑料载带的基材内添加某些有机填料。

（3）粘接式塑料（纸）编带

粘接式编带主要用来包装小外形封装集成电路（SOP）、片式电阻网络、延迟线、片式振子等外形尺寸较大的片式元器件，由塑料或纸质基带和粘接带组成。其包装方式是在基带中心部预制通孔（长圆形孔），编带时将粘接带贴在元器件定位的基带反面，利用通孔中露出的粘接带部分固定被包装元件。

基带两边的小圆孔，与上述编带一样，是传动编带进的进给定位孔。粘接式编带元件的供料过程为：当编带进到料口时由粘接带后面的针型元器件顶出，使元器件在与粘接带脱离的同时被贴装机的真空吸住，然后贴放在印制板上。

2. 带盘的分类和尺寸

编带盘主要有纸质和塑料带盘两种。纸质带盘结构简单、成本低，常用来包装（卷绕）圆柱形的元器件。它由纸板冲成两盘片，和塑料心轴粘接成带盘。目前，塑料带盘的使用正在逐步增加，其使用场合与纸带盘基本相同。

带盘的尺寸除前常用的 $\phi178$、$\phi330$mm 外，也可使用 $\phi250$、$\phi360$mm 等尺寸。目前，有些厂家为增加一次贴装时间、减少换带次数，已开始在贴装机上使用加大直径的带盘，带盘尺寸见图 2.27。

3. 其他包装形式

（1）管状包装

管状包装主要用来包装矩形片式电阻、电容、某些异形和小型器件，主要用于 SMT 元

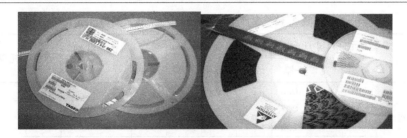

图 2.27　带盘的有关尺寸

器件品种很多且批量小的场合。管状包装见图 2.28。使用震动 Feeder 供料,管状包装中的材料在震动和自身重力的作用下,自动供给到置件平台上。

图 2.28　管状包装

（2）托盘包装

托盘包装是用矩形隔板使托盘按规定的空腔等分（图 2.29）,再将器件逐一装入盘内,一般 50 只/盘,装好后盖上保护层薄膜。托盘有单层也有 3、10、12、24 层自动进料的托盘送料器。这种包装方法刚应用时,主要用来包装外形偏大的中、高、多层陶瓷电容。

托盘式包装的托盘有硬盘和软盘之分。硬盘常用来包装多引线、细间距的 QFP 器件,这样封装体引出线不易变形。软盘则用来包装普通的异形片式元件。

图 2.29　托盘包装

（3）散装

散装是将片式元件自由封入成形的塑料盒或袋内,贴装时把料盒插入料架上,利用送料器或送料管使元件逐一送入贴装机的料口。这种包装方式成本低、体积小,但适应范围小,多为圆柱形电阻采用。散装料盒与元件、外形尺寸与供料架要匹配。

4. 包装形式的选择

SMT 元器件的包装形式也是一项关键内容,它直接影响组装生产的效率,必须结合贴片机送料器的类型和数目进行最优化设计。SMT 元器件的包装类型见表 2.12。

表 2.12　表面组装元器件已有的包装品种

分类	元件尺寸/mm			编带包装/mm				粘接式编 (32mm)	管状	托盘式	散装式
	长	宽	厚	纸带	塑料带	带宽	间距				
矩形电阻器电容器	1.6	0.8	0.8	0		8	2.4		0		
	2.0	1.25	0.7 1.0	0	0	8	2.4		0		0
	3.2	1.6	0.7 1.0	0	0	8	4		0		0
矩形电容器	4.5	3.2	2.0		0	12	8		0		
	5.7	5.0	2.0		0	12	8				
微调电容器	4.5	4.0	3.0		0	12	8		0		
	4.5	3.2	1.6		0						
微调电位器	4.5	3.8	1.5 1.9		O	12	8		O		
电解电容器	4.5	3.8	2.0		O	12	8				
	5.6	5.0			O	16					
圆柱形阻容件	φ1.0×2.0				O	8	2				O
	φ1.4×3.5					8	4				O
电感器	3.2	2.5	1.6 2.0		O	8	4				
	4.5	3.2	2.5			12	8				
滤波器	4.5	1.6	1.0		O	12	4				
	7.0	4.5	2.1		O	12	8				
	7.0	4.8	2.4		O	12	8				
	6.8	4.5	1.5		O	12	8				
	φ1.6×6.8				O	12	4				
电阻网络	5.1	2.2	1		O	24	8	O			
	11	7.7	2.2			44	12				
晶体管	2.9	2.5	1.1		O	12	8				
SOPIC			O		16 24 44	8 12		O	O	O	
QFPIC			O		24 44	12 6				O	

注："O"表示已有品供应或已有应用。

（二）贴片作业准备

贴片作业准备工作主要包括：

① 贴装工艺文件准备。

② 元器件类型、包装、数量与规格稽核，对于有防潮要求的器件，检查是否受潮，对受潮器件进行去潮处理。

开封后检查包装内附的湿度显示卡，当指示湿度＞20％（在 23℃±5℃时读取），说明器件已经受潮，在贴装前需对器件进行去潮处理。去潮的方法可采用电热鼓风干燥箱，烘烤条件依不同的材料而不同,具体可以参见 MSL—III 标准,或者 J—STD—033。

去潮处理注意事项:一是应把器件码放在耐高温(大于 150℃)防静电塑料托盘中进行烘烤;二是烘箱要确保接地良好,操作人员手腕带接地良好的防静电手镯;三是操作过程中要轻拿轻放,注意保护器件的引脚,引脚不能有任何变形和损坏。

对于有防潮要求器件的存放和使用要求为:一是开封后的器件和经过烘烤处理的器件必须存放在相对湿度≤20%的环境下(干燥箱或干燥塔),贴装时随取随用;二是开封后,在环境温度≤30℃,相对湿度≤60%的环境下 72 小时内或按照该器件外包装上规定的时间(有的规定 7 天)完成贴装;三是当天没有贴完的器件,应存放在相对湿度≤20%的环境下。

③ PCB 焊盘表面锡膏涂覆稽核,根据开封时间的长短及是否受潮或污染等具体情况,进行清洗和烘烤处理。

④ 料站的组件规格核对。

⑤ 是否有手补件或临时不贴片、加贴件。

(三)贴片机开机操作

贴片机开机操作流程如表 2.13 所示。

表 2.13   贴片机开机操作流程

序号	流程		操作内容
1	操作前检查	电源	检查电源是否正常
		气源	检查气压是否达到贴片机规定的供气需求,通常为 0.55MPa
		安全盖	检查前后安全盖是否已盖好
		喂料器	检查每个喂料器是否安全地安装在供料台上且没有翘起,无杂物或散料咋喂料器上
		传送部分	检查有无杂物在传送带上,各传送带部件运动时无互相妨碍
			根据 PCB 宽度调整传送轨道宽度,一般应大于 PCB 宽度 1cm
		贴装头	检查每个头的吸嘴是否归位
		吸嘴	检查每个吸嘴是否堵塞或缺口现象
		顶针	检查顶针的高度是否满足支撑 PCB 的需求,根据 PCB 厚度和外形尺寸安装顶针数量和位置
2	打开主电源开关,启动贴片机		打开位于贴片机前面右下角的主电源开关,贴片机会自动启动至初始化界面
3	执行回原点操作		初始化完毕后显示执行回原点的对话框,点"确定"按钮,贴片机回原点
	预热		在寒冷地方使用时,需在接通电源后立即进行预热。选择预热对象("轴""传送""MTC"中选择一项,初始设置为"轴")→选择预热结束条件(可选择时间或次数,按"时间"或"次数"按钮即可,初始设定为"时间")→设置时间或次数→设置速度
4	进入在线编程或调用程序准备生产		

归纳贴片前需要准备的工具及材料。

六、拓展训练

以 8 个学生为小组,课后查资料寻找,每组找一个与上课所用型号不同的贴片机,熟悉其机器结构和开机流程,下节课可以用图片结合文字的形式以小组为单位汇报展示。

任务 2.2.2 贴片机编程与贴片

一、任务目标

- 能了解贴片机各部件的作用,工作原理、安全事项和使用规范。
- 掌握贴片机在线编程方法。
- 能安装 SMT 接料胶带、供料器。
- 能进行贴片作业和缺陷分析。

二、工作任务

- 安装 PCB、接料胶带和供料器,进行开机。
- 编写贴片程序,对各个参数进行正确设定。
- 对 HE6105 示波器水平放大电路进行贴片。
- 对贴片不良进行分析,并调整设定的参数。

三、任务实施

任务引入:展示已贴片好的 HE6105 示波器水平放大电路板。本任务主要让学生学会贴片机编程、参数设定、贴片、检查贴片质量、解决贴片不良问题。

(一)熟悉 SMT 贴片制程

通过学习相关知识,完成以下子任务。

> 子任务 1:了解贴装元器件的工艺。
>
> **请思考:**贴装元器件有哪些工艺要求?从哪几方面来确保贴装的质量?
>
> 子任务 2:认识贴片机的结构及工作原理。
>
> **请思考:**贴片机由哪些功能部件组成?各部分起什么作用?工作原理是怎样的?在开机过程中要注意检查哪些内容?怎样做到安全规范地操作?

(二)贴片机编程

通过学习相关知识,完成贴片机编程子任务。

请思考:贴片机需要对哪些参数进行编程?离线编程和在线自学编程有什么区别?拾片程序如何编制?贴片程序如何编制?在线编程要注意哪些事项?

(三)SMT 贴片

通过学习相关知识,完成贴片子任务。

请思考:批量贴片前要完成哪些事情?

(四)贴片不良与对策

通过学习相关知识,完成以下子任务。

子任务 1：认识常见故障。

请思考：常见贴片故障有哪些？产生故障的主要原因是什么？如何排除？

子任务 2：检验贴片效果。

检查贴片质量，对照贴片不良查找原因，排除故障，完成表 2.14。

表 2.14　贴片不良检测与排故表

序号	故障的表现形式	故障原因	排除故障的方法

四、相关知识

（一）贴片工艺要求

1. 贴装元器件的工艺要求

① 各装配位号元器件的类型、型号、标称值和极性等特征标记要符合产品的装配图和明细表要求。

② 贴装好的元器件要完好无损。

③ 贴装元器件焊端或引脚不小于 1/2 厚度要浸入锡膏。对于一般元器件贴片时的锡膏挤出量（长度）应小于 0.2mm，对于窄间距元器件贴片时的锡膏挤出量（长度）应小于 0.1mm。

④ 元器件的端头或引脚均和焊盘图形对齐、居中。由于回流焊时有自定位效应，因此元器件贴装位置允许有一定的偏差。允许偏差范围要求如下。

- 矩型元件：在 PCB 焊盘设计正确的条件下，元件的宽度方向焊端宽度 3/4 以上在焊盘上；在元件的长度方向元件焊端与焊盘交叠后，焊盘伸出部分要大于焊端高度的 1/3；有旋转偏差时，元件焊端宽度的 3/4 以上必须在焊盘上。贴装时要特别注意：元件焊端必须接触锡膏图形。

- 小外形晶体管（SOT）：允许 X、Y、T（旋转角度）有偏差，但引脚（含趾部和跟部）必须全部处于焊盘上。

- 小外形集成电路（SOIC）：允许 X、Y、T（旋转角度）有贴装偏差，但必须保证器件引脚宽度的 3/4（含趾部和跟部）处于焊盘上。

- 四边扁平封装器件和超小形封装器件（QFP）：要保证引脚宽度的 3/4 处于焊盘上，允许 X、Y、T（旋转角度）有较小的贴装偏差。允许引脚的趾部少量伸出焊盘，但必须有 3/4 引脚长度在焊盘上、引脚的跟部也必须在焊盘上。

2. 保证贴装质量的三要素

(1) 元件正确

要求各装配位号元器件的类型、型号、标称值和极性等特征标记要符合产品的装配图和明细表要求，不能贴错位置。

(2) 位置准确

元器件的端头或引脚均和焊盘图形要尽量对齐、居中，还要确保元件焊端接触锡膏图形。

(3) 压力(贴片高度)合适

贴片压力(Z轴高度)要恰当合适。贴片压力过小，元器件焊端或引脚浮在锡膏表面，锡膏粘不住元器件，在传递和回流焊时容易产生位置移动，另外由于 Z 轴高度过高，贴片时元件从高处扔下，会造成贴片位置偏移；贴片压力过大，锡膏挤出量过多，容易造成锡膏粘连，回流焊时容易产生桥接，同时也会由于滑动造成贴片位置偏移，严重时还会损坏元器件。

(二) 贴片机

1. 贴片机的分类

① 按贴装速度分：低速、中速、高速和超高速贴片机四类。

② 按贴装的自动化程度分：全自动、半自动和手动贴片机三类。

③ 按贴装形式分：顺序式贴片机、同时式贴片机和同时在线式贴片机三类。

④ 按设备结构分：拱架式、复合式、转塔式和大型平行系统四类。

2. 贴片机的视觉系统

随着自动化技术水平的提高，激光和机器视觉现已广泛用于贴装技术中。贴片机中现代视觉与图像识别技术主要特点如下。

① 双照相机应用：在一个贴装单元中用于小元件的快速照相机和用于较大 IC 电路的高分辨率照相机，各司其职，发挥最大效益。

② 下视、上视照相机：分别解决印制电路板基准和元器件校准。

③ 飞行对中技术：用于 X/Y 坐标系统调整位置、吸嘴旋转调整方向。一般相机固定在贴片头，飞行划过相机上空，进行成像识别。

④ 高速、高效的图像采集、传输、处理技术。

⑤ 高效、多光谱光源照明技术。

对于一块贴装好的 PCB，其贴装精度取决于基本精度、基板定位精度、贴片头定位精度、元件定位精度。

(三) 全自动贴装机贴片工艺流程

全自动贴装机贴片工艺流程如图 2.30 所示。

(四) 在线编程

对于已经完成离线编程的产品，可直接调出产品程序，对于没有 CAD 坐标文件的产品，可采用在线编程。

在线编程是在贴装机上人工输入拾片和贴片程序的过程。拾片程序完全由人工编制并输入，贴片程序是通过教学摄像机对 PCB 上每个贴片元器件贴装位置的精确摄像，自动计

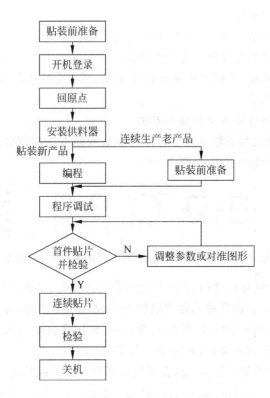

图 2.30　全自动贴装机贴片工艺流程图

算元器件中心坐标(贴装位置),并记录到贴片程序表中,然后通过人工优化而成。

1. 编制拾片程序

在拾片程序表中对每一种贴装元器件输入以下内容：

- 元件名,例如 2125R 1K。
- 输入 X、Y、Z 拾片坐标修正值。
- 输入拾片(供料器料站号)位置。
- 输入供料器的规格。
- 输入元件的包装形式(如散件、编带、管装、托盘)。
- 输入有效性(若有某种料暂不贴时,选 Not Available)。
- 输入报警数(如输入 50,当所用元件数减少为 50 时,就会有报警信息)。

2. 编制贴片程序

(1) 贴片程序编制内容

- 输入 PCB 基准标志(Maker)和局部(某个元器件)基准标志(Mark)的名字；Mark 的 X、Y 坐标；使用的摄像机号；在任务栏中输入 Fiducial(基准校正)。
- 输入每一个贴装元器件的名称(例如 2125R 1K)。
- 输入元器件位号(例如 R1)。
- 输入元器件的型号、规格(例如 74HC74)。
- 输入每一个贴装元器件的中心坐标 X、Y 和转角 T。

- 输入选用的贴片头号。
- 选择 Fiducial 的类型(采用 PCB 基准或局部基准)。
- 采用几个头同时拾片或单个头拾片方式。
- 输入是否需要跳步(若程序中某个位号不贴,可在此输入跳步,在贴片过程中,贴装机将自动跳过此步)。

(2) Mark 以及元器件贴片坐标输入方法

Mark 和 Chip 元件坐标的输入方法可用一点法或两点法,SOIC、QFP 等器件的中心坐标输入方法可用两点法或四点法,见图 2.31。

图 2.31　Mark 以及元器件贴片坐标输入方法示意图

一点法操作方法:将光标移到 X 或 Y 的空白格内点蓝,单击右键,弹出 Teaching 对话框和一图像显示窗口,用方向箭移动摄像机镜头至 Mark(或 Chip)焊盘图形处,用十字光标对正 Mark(或 Chip)焊盘中心位置,按输入键,中心坐标将自动写入 X、Y 坐标栏内。一点法操作简单快捷,但精确度不够高,可用于一般 Chip 元件。

二点法操作方法:用方向箭移动摄像机镜头移至 Mark(或 Chip)焊盘图形处,选择两点法,用十字光标找到 Mark(或 Chip)焊盘图形的一个角,点击 1st ,再找到与之相对应的第二个角点击 2st ,此时机器会计算出 Mark(或 Chip)焊盘图形的中心,并将中心坐标值自动写入 X、Y 坐标栏内。二点法输入速度略慢一些,但精确度高。

四点法操作方法:用方向箭移动摄像机镜头移至 SOIC 或 QFP 焊盘图形处,选择四点法,先照器件的一个对角,找正第一个角点击 1st ,再找正与之相对应的第二个角点击 2st ,然后照另一个对角,找正第三个角击点 3st ,再找正与之相对应的第四个角点击 4st ,此时机器会计算出 SOIC 或 QFP 焊盘图形的中心,并将坐标值自动写入 X、Y 坐标栏内;

3. 人工优化原则

① 换吸嘴的次数最少。

② 拾片、贴片路程最短。

③ 多头贴装机还应考虑每次同时拾片数量最多。

4. 在线编程注意事项

① 输入数据时应经常存盘,以免停电或误操作而丢失数据。

② 输入元器件坐标时可根据 PCB 元器件位置顺序进行。

③ 所输入元器件名称、位号、型号等必须与元件明细和装配图相符。

④ 拾片与贴片以及各种库的元件名要统一。

⑤ 编程过程中,应在同一块 PCB 上连续完成坐标的输入,重新上 PCB 或更换新 PCB 都有可能造成贴片坐标的误差。

⑥ 凡是程序中涉及的元器件,必须在元件库、包装库、供料器库、托盘库、托盘料架库、

图像库建立并登记,各种元器件所需要的吸嘴型号也必须在吸嘴库中登记。

（五）安装供料器

① 按照离线编程或在线编程编制的拾片程序表将各种元器件安装到贴装机的料站上。

② 安装供料器时必须按照要求安装到位。

③ 安装完毕,必须由检验人员检查,确保正确无误后才能进行试贴和生产。

（六）做基准标志(Mark)和元器件的视觉图像

自动贴装机贴装时,元器件的贴装坐标是以 PCB 的某一个顶角(一般为左下角或右下角)为源点计算的。而 PCB 加工时多少存在一定的加工误差,因此在高精度贴装时必须对 PCB 进行基准校准。基准校准是通过在 PCB 上设计基准标志(Mark)和贴装机的光学对中系统进行校准的。

贴片前要给每个元器件照一个标准图像存入图像库中。贴片时每拾取一个元器件都要进行照相并与该元器件在图像库中的标准图像比较:一是比较图像是否正确,如果图像不正确,贴装机则认为该元器件的型号错误,会根据程序设置抛弃元器件若干次后报警停机;二是将引脚变形和共面性不合格的器件识别出来并送至程序指定的抛料位置;三是比较该元器件拾取后的中心坐标 X、Y、转角 T 与标准图像是否一致,如果有偏移,贴片时贴装机会自动根据偏移量修正该元器件的贴装位置。

一般制作图像时首先输入元器件的类型(例如 Chip、SOP、SOJ、PLCC、QFP 等)、元器件尺寸(输入元器件长、宽、厚度)、失真系数,然后用 CCD 的主灯光、内侧和外侧灯光照,并反复调整各光源的光亮度,直到显示 OK 为止。

元器件视觉图像做得好不好,直接影响贴装效率,如果元器件视觉图像做得失真,贴片时会不认元器件,出现抛料弃件现象,从而造成频繁停机,因此对制作元器件视觉图像有以下要求:

- 元器件尺寸要输入正确。
- 元器件类型的图形方向与元器件的拾取方向一致。
- 失真系数要适当。
- 照图像时各光源的光亮度一定要恰当,显示 OK 以后还要仔细调整。
- 使图像黑白分明、边缘清晰。
- 照出来的图像尺寸与元器件的实际尺寸尽量接近。

（七）首件试贴并检验

1. 程序试运行

程序试运行一般采用不贴装元器件(空运行)方式,若试运行正常则可正式贴装。

2. 首件试贴

① 调出程序文件。

② 按照操作规程试贴装一块 PCB。

3. 首件检验

(1) 检验项目

① 各元件位号上元器件的规格、方向、极性是否与工艺文件相符。

② 元器件有无损坏、引脚有无变形。

③ 元器件的贴装位置偏离焊盘是否超出允许范围。

（2）检验方法

检验方法要根据各单位的检测设备配置而定。普通间距元器件可用目视检验，高密度窄间距时可用放大镜、显微镜、在线或离线光学检查设备（AOI）。

（3）检验标准

按照单位制定的企业标准或参照其他标准（例如 IPC 标准或 SJ/T10670—1995 表面组装工艺通用技术要求）执行，如表 2.15 所示。

表 2.15　两端元件贴片位置判定表

缺陷	正常状态	可接受状态	不可接受状态
偏移		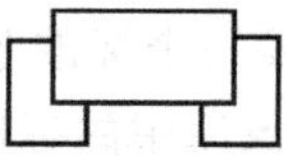	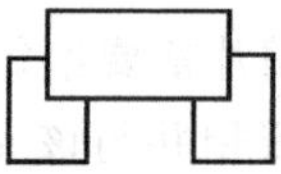
偏移	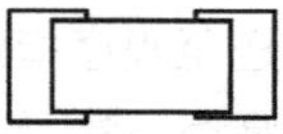		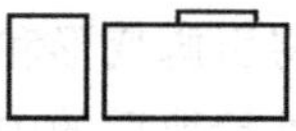
溢胶	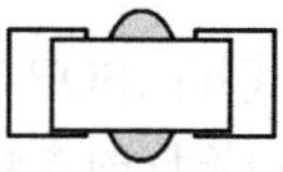	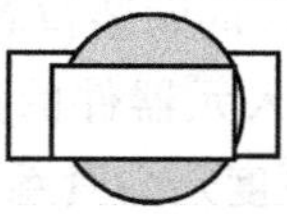	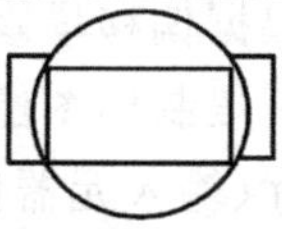
漏件			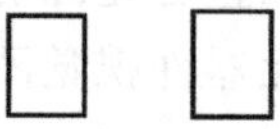
错件			
反向	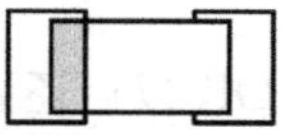		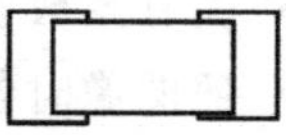
偏移		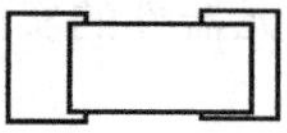	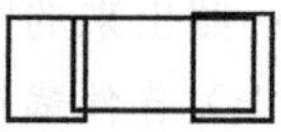
悬浮	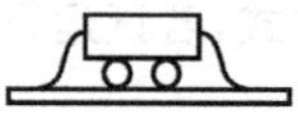		
旋转	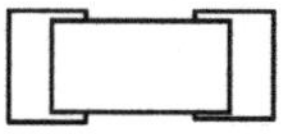	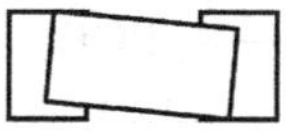	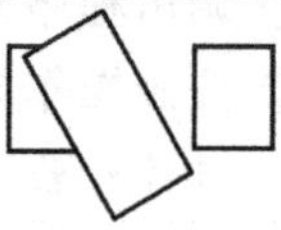

4. 贴片不良与对策

贴片不良经常是设备故障引起的,解决了设备故障也就能解决贴片不良的问题,常见故障及应对对策如下。

(1) 常见故障

① 机器不启动。

② 贴装头不动。

③ 上板后 PCB 不往前走。

④ 拾取错误。

⑤ 贴装错误。

(2) 产生故障的主要原因

① 传输系统——驱动 PCB、贴装头运动的传输系统以及相应的传感器。

② 气路——管道、吸嘴。

③ 吸嘴孔径与元件不匹配。

④ 程序设置不正确——图像做得不好或在元件库没有登记。

⑤ 元件不规则——与图像不一致。

⑥ 元件厚度、贴片头高度设置不正确。

(3) 贴片故障分析及排除方法

贴片故障分析及排除方法如表 2.16～表 2.10 所示。

表 2.16 机器不启动故障分析及排除方法

故障的表现形式	故障原因	排除故障的方法
机器不启动	机器的紧急开关处于关闭状态	拉出紧急开关钮
	电磁阀没有启动	修理电磁阀
	互锁开关断开	接通互锁开关
	气压不足	检查气源并使气压达到要求值
	微机故障	关机后重新启动

表 2.17 贴装头不动故障分析及排除方法

故障的表现形式	故障原因	排除故障的方法
贴装头不动	横向传输器或传感器接触不良或短路	检查并修复传输器或传感器
	纵向传输器或传感器接触不良或短路	润滑油不能过多,清洁传感器
	加润滑油过多,传感器被污染	

表 2.18 上板后 PCB 不往前走故障分析及排除方法

故障的表现形式	故障原因	排除故障的方法
上板后 PCB 不往前走	PCB 传输器的皮带松或断裂	更换 PCB 传输器的皮带
	PCB 传输器的传感器上有脏物或短路	擦拭 PCB 传输器的传感器
	加润滑油过多,传感器被污染	

表 2.19　拾取错误的故障分析及排除方法

故障的表现形式	故障原因	排除故障的方法
(1) 贴装头不能拾取元件 (2) 贴装头拾取的元件的位置是偏移的 (3) 在移动过程中，元件从贴装头上掉下来	1. 吸嘴磨损老化,有裂纹引起漏气	更换吸嘴
	2. 吸嘴下表面不平有锡膏等脏物 吸嘴孔内被脏物堵塞	将底端面擦净,用细针通孔将吸嘴
	3. 吸嘴孔径与元件不匹配	更换吸嘴
	4. 真空管道和过滤器的进气端或出气端有问题,没有形成真空,或形成的是不完全的真空。(不能听到排气声/真空阀门 LED 未亮/过滤器进气端的真空压力不足)	检查真空管道和接口有无泄漏;重新连接空气管道或将其更换;更换接口或气管;更换真空阀
	5. 元件表面不平整(我们曾发现 $0.1\mu F$ 电容表面不平,沿元件长度方向成瓦形)	更换合格元件
	6. 元件粘在底带上; 编带孔的毛边卡住了元件; 元件的引脚卡在了带窝的一角; 元件和编带孔之间的间隙不够大	揭开塑料胶带,将编带倒过来,看一下元件能否自己掉下来
	7. 编带元件表面的塑料胶带太粘或不结实,塑料胶带不能正常展开。或塑料胶带从边缘撕裂开	查看塑料胶带展开和卷起时的情况,重新安装供料器或更换元件
	8. 拾取坐标值不正确。供料器偏离供料中心位置	检查 X,Y,Z 的数据,重新编程
	9. 吸嘴,元件或供料器的选择不正确;元件库数据不正确,使得拾取时间太早	查看库数据,重新设置
	10. 拾取阀值设置得太低或太高,经常出现拾取错误	提高或降低这一设置
	11. 震动供料器滑道中器件的引脚变形,卡在滑道中	取出滑道中变形的器件
	12. 由于编带供料器卷带轮松动,送料时塑料胶带没有卷绕	调整编带供料器卷带轮的松紧度
	13. 由于编带供料器卷带轮太紧,送料时塑料胶带被拉断	调整编带供料器卷带轮的松紧度
	14. 由于剪带机不工作或剪刀磨损或供料器装配不当,使纸带不能正常排出,编带供料器顶端或底部被纸带或塑料带堵塞	检查并修复剪带机;更换或重新装配供料器;人工剪带时要及时

表 2.20　贴装错误的故障分析及排除方法

故障的表现形式	故障原因	排除故障的方法
（1）元器件贴错或极性方向错	1. 贴片编程错误	修改贴片程序
	2. 拾片编程错误或装错供料器位置	修改拾片程序，更改料站
	3. 晶体管、电解电容器等有极性元器件，不同生产厂家编带时方向不一致	更换编带元器件时要注意极性方向，发现不一致时修改贴片程序
	4. 往震动供料器滑道中加管装器件时与供料器编程方向不一致	往震动供料器滑道中加料时要注意器件的方向
（2）贴装位置偏离坐标位置	1. 贴片编程错误	个别元件位置不准确时修改元件坐标；整块板偏移可修改 PCB Mark
	2. 元件厚度设置错误	修改元件库程序
	3. 贴片头高度太高，贴片时元件从高处扔下	重新设置 Z 轴高度 使元件焊端底部与 PCB 上表面的距离等于最大焊料球的直径
	4. 贴片头高度太低，使元件滑动	
	5. 贴装速度太快。X,Y,Z 轴及转角 T 速度过快	降低速度
（3）贴装时元器件被砸裂或破损	1. PCB 变形	更换 PCB。或对 PCB 进行加热、加压处理
	2. 贴装头高度太低	贴装头高度要随 PCB 厚度和贴装的元器件高度来调整
	贴装压力过大	重新调整贴装压力
	PCB 支撑柱的尺寸不正确 PCB 支撑柱的分布不均 支撑柱数量太少	更换与 PCB 厚度匹配的支撑柱 将支撑柱分布均衡 增加支撑柱
	元件本身易破碎	更换元件

（八）根据首件试贴和检验结果调整程序或重做视觉图像

① 如检查出元器件的规格、方向、极性错误，应按照工艺文件进行修正程序。

② 若 PCB 的元器件贴装位置有偏移，用以下两种方法调整。

• 若 PCB 上的所有元器件的贴装位置都向同一方向偏移，这种情况应通过修正 PCB Mark 的坐标值来解决。把 PCB Mark 的坐标向元器件偏移方向移动，移动量与元器件贴装位置偏移量相等，应注意每个 PCB Mark 的坐标都要等量修正。

• 若 PCB 上的个别元器件的贴装位置有偏移，可估计一个偏移量在程序表中直接修正个别元器件的贴片坐标值，也可以用自学编程的方法通过摄像机重新照出正确的坐标。

• 如首件试贴时，贴片故障比较多要根据具体情况进行处理。

如果拾片失败，如拾不到元器件可考虑按以下因素进行检查并处理：

• 拾片高度不合适，由于元件厚度或 Z 轴高度设置错误，检查后按实际值修正。

• 拾片坐标不合适，可能由于供料器的供料中心没有调整好，应重新调整供料器。

• 编带供料器的塑料薄膜没有撕开，一般都是由于卷带没有安装到位或卷带轮松紧不合适,应重新调整供料器。

- 吸嘴堵塞,应清洗吸嘴。
- 吸嘴端面有脏物或有裂纹,造成漏气。
- 吸嘴型号不合适,若孔径太大会造成漏气,若孔径太小会造成吸力不够。
- 气压不足或气路堵塞,检查气路是否漏气、增加气压或疏通气路。

如果弃片或丢片频繁,可考虑按以下因素进行检查并处理:

- 图像处理不正确,应重新照图像。
- 元器件引脚变形。
- 元器件本身的尺寸、形状与颜色不一致,对于管装和托盘包装的器件可将弃件集中起来,重新照图像。
- 吸嘴型号不合适、真空吸力不足等原因造成贴片路途中飞片。
- 吸嘴端面有锡膏或其他脏物,造成漏气。
- 吸嘴端面有损伤或有裂纹,造成漏气。

(九)连续贴装生产

连续贴装生产过程中应注意的问题:

① 拿取 PCB 时不要用手触摸 PCB 表面,以防破坏印刷好的锡膏。

② 报警显示时,应立即按下警报关闭键,查看错误信息并进行处理。

③ 贴装过程中补充元器件时一定要注意元器件的型号、规格、极性和方向。

贴装过程中,要随时注意废料槽中的弃料是否堆积过高,并及时进行清理,使弃料不能高于槽口,以免损坏贴装头。

(十)贴片质量检验

① 首件自检合格后送专检,专检合格后再批量贴装。

② 检验方法与检验标准同首件检验。

③ 有窄间距(引线中心距 0.65mm 以下)时,必须全检。

(十一)贴片结束关机

① 停止贴片机运行。

② 复位:按 RESET 键,贴片机立即停止运行,回到等待生产状态。

③ 按屏幕上 OFF 键。

④ 关闭主电源开关。

五、问题探究

爱立电子公司用的是 MSR 贴片机,在生产中发现组件有漏贴的现象。产品厚度合格,识别得也不错,就是有漏贴的现象,而且还是同一种组件,料架换了也不管用,请给出解决方案。

六、拓展训练

对华阳电器制造有限公司漏电保护器主板 JLZ—11—200 产品(见图 2.32)实施贴片作业。

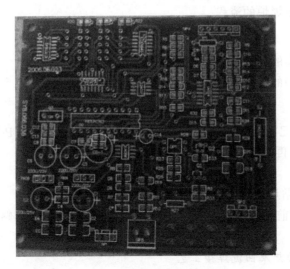

图 2.32 漏电保护器主板 JLZ—11—200

模块 2.3 SMT 回流焊接

通过本模块的学习你将能够回答以下问题：

1. SMT 回流焊接工艺特点是什么？

2. SMT 回流焊炉的结构主要有哪几大部分组成？

3. 回流焊炉的温度如何设定、温度曲线如何测试，工艺质量关键的控制点是什么？

4. 如何进行焊接缺陷判定和处理？

通过本模块的学习，我们将了解表面贴装元件的回流焊接工艺流程，掌握回流焊接前物料的正确稽核；能正确识读工艺文件；熟悉回流焊炉的结构和主要技术参数；能正确设定回流焊炉的参数；能对实时温度曲线进行测试和调节；能熟练进行回流焊接生产；能根据《IPC—A—610E》相关工艺标准，正确判定焊接质量，并进行回流焊接不良分析与处理。

能力目标：能正确稽核回流焊接前的物料；能熟知回流焊炉的结构、工作原理和主要技术参数；能熟练进行回流焊炉的参数设定、温度曲线测试、识读，实施回流焊接作业，优化炉温的参数设置；会检测回流焊接的品质，分析解决不良问题。

素质目标：培养自主学习的能力，在完成任务过程中能发现问题，分析和解决问题；培养团队合作意识；能严格进行安全、文明、规范的操作，5S、ESD 到位。

任务 2.3.1 回流焊前的准备工作

一、任务目标

- 能对回流焊的每一块基板进行稽核。

- 能掌握回流焊的基本知识、工艺流程与要求。

- 能认识回流焊炉，熟悉其结构、工作原理和主要技术参数。

- 能掌握开回流焊炉的流程。

二、工作任务

- 稽核待回流焊的已贴片好的电路板。
- 进行回流焊炉的开机工作。

三、任务实施

任务引入：展示已经贴片好的 HE6105 示波器水平放大电路的 PCB 板，本任务将对已经贴片好的板子进行再次稽核，并进行回流焊炉的开机工作。

（一）炉前检验

子任务 1：检查贴片好的 HE6105 示波器水平放大电路。

基板回流焊接之前，每一块板都必须进行炉前检验，检验方法同贴片检验时相同，检验合格，产品方可过炉。

（二）熟悉回流焊炉及回流焊接工艺

通过学习相关知识，完成以下子任务。

子任务 1：熟悉回流焊接及其工艺。

请思考：什么是回流焊接？回流焊接是利用什么原理工作？回流焊有哪些工艺要求？

子任务 2：认识回流焊炉。

请思考：回流焊炉由哪些部分组成（见图 2.33）？各部分实现什么功能？回流焊炉主要技术参数有哪些？怎样进行安全规范地开机操作？如何识读温度曲线？

图 2.33　回流焊炉

（三）回流焊炉开机作业

通过学习相关知识，完成回流焊炉开机任务。

请思考：回流焊炉开机流程？

四、相关知识

（一）回流焊

1. 回流焊种类和特点

回流焊是通过加热重新熔化预先分配到 PCB 焊盘上的膏状焊料，实现表面组装元器件焊端或引脚与 PCB 焊盘间电气与机械连接。

回流焊的种类比较多，有对 PCB 整体加热进行回流焊，还有对 PCB 局部加热进行回流焊；对 PCB 整体加热回流焊可分为：热板回流焊、红外回流焊、热风回流焊、热风加红外回流焊、气相回流焊；对 PCB 局部加热回流焊可分为：激光回流焊、聚焦红外回流焊、光束回流焊、热气流回流焊。

与波峰焊技术相比，回流焊工艺具有以下技术特点：

① 元器件受到的热冲击小。

② 能控制焊料的施加量。

③ 有自定位效应，当元器件贴放位置有一定偏离时，由于熔融焊料表面张力作用，自动把元器件拉回到近似目标的位置。

④ 焊料中不会混入不纯物，能保证焊料的成分。

⑤ 可在同一基板上采用不同焊接工艺进行焊接。

⑥ 工艺简单，焊接质量高。

2. 热风回流焊

热风回流焊是利用加热器与风扇使炉膛内的空气或氮气不断加热并强制循环流动，从而实现被焊件加热的焊接方法，其工作过程如图 2.34 所示。由于采用此种加热方式，印制板和元器件的温度接近给定的加热温区的气体温度，完全克服了红外回流焊的温差和遮蔽效应，故目前应用较广。本制程讨论的工艺适用于热风回流焊机对 PCB 整体加热进行回流焊。

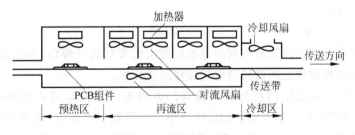

图 2.34　热风回流焊工作过程

3. 回流焊炉结构

回流焊炉结构如图 2.35 所示。

回流焊炉外部结构主要由电源开关、传输系统、信号指示灯、抽风口、显示器、键盘、散热风扇、紧急开关灯组成。

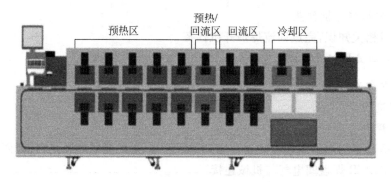

图 2.35　回流焊炉结构

回流焊机内部结构主要由以下几大部分组成,各部分功能介绍如下。

① 加热器:一般为石英发热管组,主要提供炉温所必需的热量。

② 热风马达:通过马达的工作,将热量传输至 PCB 表面,保持炉内热量均匀。

③ 冷却风扇:冷却 PCB。

④ 传输带驱动马达:给传输带提供驱动动力。

⑤ 传输带驱动轮:传动网链作用。

⑥ UPS:在主电源突然停电时,UPS 中将存于蓄电池内的电量释放,驱动网链运动,将 PCB 传输出炉。

4. 回流焊炉主要技术参数

① 温度控制精度(指传感器灵敏度),应达到±(0.1~0.2)℃。

② 传输带横向温差,要求±5℃以下。

③ 温度曲线测试功能,如设备无此配置,应外购温度曲线采集器。

④ 最高加热温度,最高加热温度一般为 300~350℃。

⑤ 加热区数量和长度,加热区数量越多,长度越长,越容易调整和控制曲线。一般批量生产,选择 4—5 温区,加热区长度 1.8m 左右即可。

⑥ 传送带宽度。应根据最大和最宽 PCB 尺寸确定传送带宽度。

(二)回流焊接工艺

1. 工艺目的和原理

回流焊通过重新熔化预先分配到印制板焊盘上的膏状软钎焊料,实现表面组装元器件焊端或引脚与印制板焊盘之间机械与电气连接的软钎焊。

如图 2.36 所示,从温度曲线分析回流焊的原理为:当 PCB 进入预热—升温区(干燥区)时,锡膏中的溶剂、气体蒸发掉,同时,锡膏中的助焊剂润湿焊盘、元器件端头和引脚,锡膏软化、塌落、覆盖了焊盘,将焊盘、元器件引脚与氧气隔离;PCB 进入预热—保温区时使 PCB 和元器件得到充分的预热,以防 PCB 突然进入焊接高温区而损坏 PCB 和元器件;当 PCB 进入焊接区时,温度迅速上升使锡膏达到熔化状态,液态焊锡对 PCB 的焊盘、元器件端头和引脚润湿、扩散、漫流或回流混合形成焊锡接点;PCB 进入冷却区,使焊点凝固,完成了回流焊接。

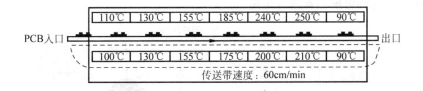

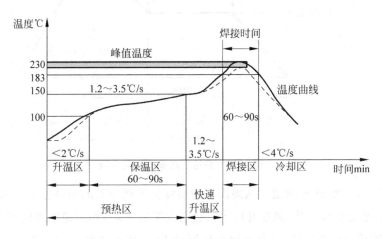

图 2.36　回流焊温度曲线示意图

2. 回流焊工艺要求

① 要设置合理的回流焊温度曲线。回流焊是 SMT 生产中关键工序,根据回流焊原理,设置合理的温度曲线,才能保证回流焊质量。不恰当的温度曲线会出现焊接不完全、虚焊、元件翘立、焊锡球多等焊接缺陷,影响产品质量。要定期做好温度曲线的实时测试。

② 要按照 PCB 设计时的焊接方向进行焊接。

③ 焊接过程中,严防传送带震动,当生产线没有配备卸板装置时,要注意在贴装机出口处接板,防止后出来的板掉落在先出来的板上碰伤 SMD 引脚。

④ 必须对首块印制板的焊接效果进行检查,满足外观的一般性验收标准,如有特殊要求也需满足。并根据检查结果调整温度曲线,在整批生产过程中要定时检查焊接质量。

3. 回流焊工艺流程

全自动回流焊操作工艺流程如图 2.37 所示。

4. 温度曲线

在回流工艺里最主要是控制好回流的温度曲线,正确的温度曲线将保证高品质的焊接锡点。

(1) 理想的温度曲线

理论上理想的曲线由四个部分或区间组成,如图 2.38 所示,前面三个区加热、最后一个区冷却。炉的温区越多,越能使

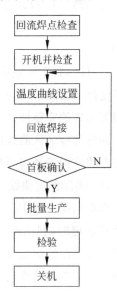

图 2.37　全自动回流焊
工艺流程图

温度曲线的轮廓达到更准确和接近设定。

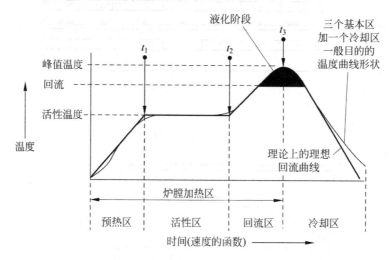

图 2.38　理论上理想的回流曲线

预热区,用来将 PCB 的温度从周围环境温度提升到所需的活性温度。其温度以不超过每秒 2～5℃速度连续上升,温度升得太快会引起某些缺陷,如陶瓷电容的细微裂纹,而温度上升太慢,锡膏会感温过度,没有足够的时间使 PCB 达到活性温度。炉的预热区一般占整个加热通道长度的 25%～33%。

活性区,有时叫做干燥或浸湿区,这个区一般占加热通道的 33%～50%,有两个功用,第一是,将 PCB 在相当稳定的温度下感温,使不同质量的元件具有相同温度,减少它们的相对温差。第二个功能是,允许助焊剂活性化,挥发性的物质从锡膏中挥发。一般普遍的活性温度范围是 120～150℃,如果活性区的温度设定太高,助焊剂没有足够的时间活性化。因此理想的曲线要求相当平稳的温度,这样使得 PCB 的温度在活性区开始和结束时是相等的。

回流区,其作用是将 PCB 装配的温度从活性温度提高到所推荐的峰值温度。典型的峰值温度范围是 205～230℃,这个区的温度设定太高会引起 PCB 的过分卷曲、脱层或烧损,并损害元件的完整性。

理想的冷却区曲线应该是和回流区曲线成镜像关系。越是靠近这种镜像关系,焊点达到固态的结构越紧密,得到焊接点的质量越高,结合完整性越好。

(2) 实际温度曲线

当我们按一般 PCB 回流温度设定后,给回流炉通电加热,当设备监测系统显示炉内温度达到稳定时,利用温度测试仪进行测试以观察其温度曲线是否与我们的预定曲线相符。否则进行各温区的温度重新设置及炉子参数调整,这些参数包括传送速度、冷却风扇速度、强制空气冲击和惰性气体流量,以达到正确的温度为止。

典型 PCB 回流区间温度设定如表 2.21 所示。

表 2.21　典型 PCB 回流区间温度设定

区间	区间温度设定/℃	区间末实际板温/℃
预热	210	140
活性	180	150
回流	240	210

（三）回流焊炉开机

回流焊炉开机流程如图 2.39 所示。

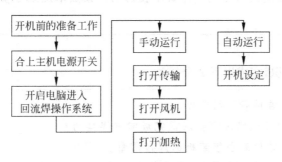

图 2.39　回流焊炉开机流程图

五、问题探究

总结归纳回流焊接的工艺流程。

六、拓展训练

以 8 个学生为小组，课后查资料寻找，每组找一个与上课所用型号不同的回流焊炉，熟悉机器结构和开机流程，下节课用图片结合文字的形式以小组为单位汇报展示。

任务 2.3.2　回流焊接编程与回流焊接

一、任务目标

- 能准确设置、测量、分析和管控回流焊参数。
- 能熟练操作回流焊炉。
- 能正确分析并排除常见焊接缺陷。

二、工作任务

- 设置、测量、分析和管控回流焊参数。
- 使用回流焊炉进行 SMT 回流焊接。
- 排除常见回流焊接缺陷。

三、任务实施

任务引入：展示贴片好的 HE6105 示波器水平放大电路板。本任务将介绍如何进行回流焊接及排除常见回流焊接缺陷。

（一）回流焊接编程

通过学习相关知识，完成回流焊炉编程或调用程序的任务。

请思考：回流焊接编程的操作步骤有哪些？编程时需要设定哪些工艺参数？

（二）测量实时温度

通过学习相关知识，完成以下2个任务。

子任务1：测量回流焊炉中的实时温度。

请思考：测量回流焊炉温度需要哪些仪器？测试步骤是怎样的？

子任务2：分析实时温度曲线并调整。

请思考：预热温度太高会造成什么不良影响？预热不足或过多时的回流曲线是什么样的？

（三）回流焊接

通过学习相关知识，完成以下2个任务。

子任务1：焊接首件表面组装板。

请思考：表面组装板经过哪些温区完成回流焊接的？

子任务2：检验首件表面组装板的焊接质量。

请思考：对于首件表面组装板，需要检查哪些内容？

子任务3：调整参数，批量焊接。

（四）常见回流焊接缺陷原因分析和对策

通过学习相关知识，完成以下子任务。

子任务1：分析影响回流焊质量的原因。

请思考：影响回流焊质量的原因有哪些？其中哪些因素影响因子比较大？

子任务2：分析回流焊接常见焊接缺陷与对策。

请思考：回流焊接中常见的焊接缺陷有哪些？由什么原因引起的？针对各种原因，应该如何进行预防，或出现缺陷应该如何解决？

四、相关知识

（一）编程或调用程序

生产新产品需要编制程序，当生产老产品时只需要调出老程序即可。

1. 编程操作

① 输入登录密码。

② 按照操作规程打开程序表。

③ 设置各温区的温度。

④ 设置冷却区风速（量）。

⑤ 设置传送带（导轨）速度。

⑥ 设置传送导轨宽度（根据设备的不同配置进行调整，或电脑输入PCB宽度，或电动、手动调整宽度）；导轨宽度应大于PCB宽度1～2mm，应保证PCB在导轨上滑动自如。

⑦ 如果是可调节风量的热风炉还要设置各温区的风量。

2. 设置回流焊温度和速度等工艺参数

① 根据使用锡膏材料的温度曲线进行设置。不同金属含量的锡膏有不同的温度曲线，应按照锡膏加工厂提供的温度曲线进行设置具体产品的回流焊温度曲线。

② 根据 PCB 板的材料、厚度、是否多层板、尺寸大小等因素进行设置。

③ 根据表面组装板搭载元器件的密度、元器件的大小以及有无 BGA、CSP 等特殊元器件，设定工艺参数。

④ 根据设备的具体情况，例如加热区的长度、加热源的材料、回流焊炉的构造和热传导方式等因素进行设置。

⑤ 根据温度传感器的实际位置来确定各温区的设置温度，若温度传感器位置在发热体内部，设置温度比实际温度高近一倍左右，若温度传感器位置在炉体内腔的顶部或底部，设置温度比实际温度高 30℃ 左右。

⑥ 根据排风量的大小进行设置，一般回流焊炉对排风量都有具体要求，但实际排风量因各种原因有时会有所变化，确定一个产品的温度曲线时，应考虑排风量，并定时测量。

⑦ 环境温度对炉温也有影响，特别是加热温区较短、炉体宽度窄的回流焊炉，炉温受环境温度影响较大，因此在回流焊炉进出口要避免对流风。

（二）测实时温度曲线

1. 测温度曲线的仪器

根据回流焊设备的配置，有的设备自带 3～5 根带耐高温导线的热电偶并自带测试软件，有的设备需要另外配置温度曲线采集器。

2. 测试步骤

① 用高温胶带纸将温度曲线采集器或设备自带的三根（或五根）热电偶测试端分别固定在表面组装板的三个测温点上（可用高温胶带纸粘接，但是最好用高温焊料焊接在测试点上），三个或多个测温点应选择在 PCB 的同一个横截面不同元器件的焊点上。

应选取能反映出表面组装板上高、中、低有代表性的三个（或多个）温度测试点，最高温度部位一般在炉堂中间或元件稀少的位置；最低温度部位一般在大型元器件处（如PLCC），或炉堂的边缘处。然后用高温胶带纸（或高温焊料）将三根（或多根）热电偶的三个（或多个）测试端固定在 PCB 的温度测试点位置上，要粘牢（或焊牢）。将三根（或多根）热电偶的另外一端插入机器温度曲线插孔内（或插在温度采集器的插孔内）。注意极性不要插反，并记住这三根热电偶在表面组装板上的相对位置。

② 将被测的 PCB 置于回流焊机入口处的传送导轨或网带上（如果采用温度曲线采集器，则将采集器与 PCB 一起放在传送导轨上，温度曲线采集器与 PCB 稍留一些间距），然后启动 KIC 温度曲线测试程序。

③ 随着 PCB 的运行，在屏幕上画实时曲线（设备自带 KIC 测试软件时）。

④ 当 PCB 运行过冷却区后，拉住热电偶线将表面组装板拽回，此时完成了一个测试过程。在屏幕上显示完整的温度曲线和峰值温度/时间表（如果采用温度曲线采集器，则从回流焊炉出口处取出 PCB 和采集器，然后通过软件读出温度曲线和峰值温度/时间表）。

⑤ 输入文件名,存盘。

⑥ 将实时温度曲线打印出来。

3. 实时温度曲线分析与调整

温度曲线是保证焊接质量的关键,实时温度曲线和锡膏温度曲线的升温斜率和峰值温度应基本一致。要根据比较结果作适当调整。

① 160℃前的升温速度控制在1～3℃/s。(根据回流焊炉加热区长度而定)如果升温斜率速度太快,一方面使元器件及PCB受热太快,易损坏元器件,易造成PCB变形。另一方面,锡膏中的熔剂挥发速度太快,容易溅出金属成分,产生锡球。

② 如预热温度太高,易使金属粉末氧化、助焊剂碳化,造成焊点发乌,影响焊接质量。

③ 峰值温度一般定在比锡膏熔点高30～40℃左右。(Sn62/Pb36/Ag2 锡膏的熔点为179℃)。峰值温度低或回流时间短,会使焊接不充分,严重时会造成锡膏不熔。峰值温度过高或回流时间长,造成金属粉末严重氧化,影响焊接质量,甚至会损坏元器件和印制板,从外观看,印制板会严重变色。

以下(图2.40～图2.43)是几种不良情况的回流曲线。

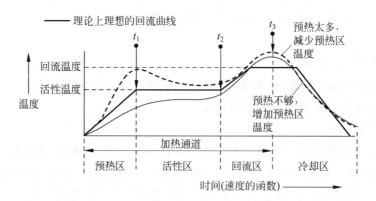

图 2.40　预热不足或过多的回流曲线

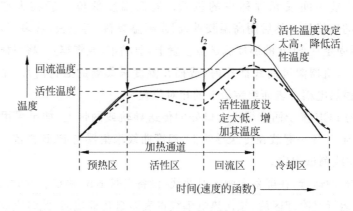

图 2.41　活性区温度太高或太低的回流曲线

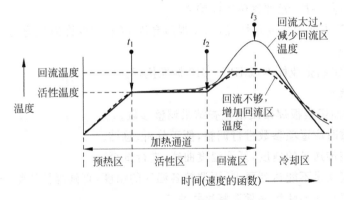

图 2.42　回流太多或不够的回流曲线

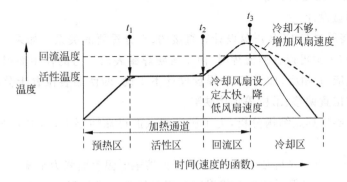

图 2.43　冷却过快或不够的回流曲线

当最后的曲线图与所希望的图形相吻合时,应该把炉的参数记录或储存以备后用。虽然这个过程开始很慢和费力,但最终可以取得高效率的生产。

（三）首件表面组装板焊接

① 戴防静电腕带。

② 将经过贴装检验合格的表面组装板平放在网状传送带或链条导轨上,表面组装板随传送带按其设定的速度缓慢地进入炉内,经过升温区、保温区、回流区和冷却区,即完成了回流焊。

（四）检验首件表面组装板的焊接质量

1. 检验方法、检验内容和检验标准

（1）检验方法

首件表面组装板焊接质量一般采用目视检验,根据组装密度选择 2～5 倍放大镜或 3～20 倍显微镜进行检验。

（2）检验内容

① 检验焊接是否充分、有无锡膏融化不充分的痕迹。

② 检验焊点表面是否光滑、有无孔洞缺陷,孔洞的大小。

③ 焊料量是否适中、焊点形状是否呈半月状。

④ 有多少锡球和残留物。

⑤ 吊桥、虚焊、桥接、元件移位等缺陷率。

⑥ 检查 PCB 表面颜色变化情况,回流焊后允许 PCB 有少许但是均匀的变色。

（3）检验标准

按照单位制定的企业标准或 IPC—610 标准执行。

2．调整参数

根据首件表面组装板焊接质量检查结果调整参数。

① 调整参数时应逐项参数进行调整,便于分析、总结。

② 首先调整传送带的速度,复测温度曲线,进行试焊。

③ 如果焊接质量不能达到要求,再调整各温区的温度,直到焊接质量符合要求为止。

（五）常见回流焊接缺陷分析及解决措施

1．影响回流焊质量的因素

（1）PCB 焊盘设计

SMT 的组装质量与 PCB 焊盘设计有直接的、十分重要的关系。如果 PCB 焊盘设计正确,贴装时少量的歪斜可以在回流焊时,由于熔融焊锡表面张力的作用而得到纠正（称为自定位或自校正效应）;相反,如果 PCB 焊盘设计不正确,即使贴装位置十分准确,回流焊后反而会出现元件位置偏移、吊桥等焊接缺陷。

根据各种元器件焊点结构分析,为了满足焊点的可靠性要求,PCB 焊盘设计应掌握以下关键要素:

① 对称性——两端焊盘必须对称,才能保证熔融焊锡表面张力平衡。

② 焊盘间距——确保元件端头或引脚与焊盘恰当的搭接尺寸。焊盘间距过大或过小都会引起焊接缺陷。

③ 焊盘剩余尺寸——元件端头或引脚与焊盘搭接后的剩余尺寸必须保证焊点能够形成弯月面。

④ 焊盘宽度——应与元件端头或引脚的宽度基本一致。

如果违反了设计要求,回流焊时就会产生焊接缺陷,而且 PCB 焊盘设计的问题在生产工艺中是很难甚至是无法解决的。

（2）锡膏质量及锡膏的正确使用

如果锡膏金属微粉含量高,回流焊升温时金属微粉随着溶剂、气体蒸发而飞溅,如金属粉末的含氧量高,还会加剧飞溅,形成焊锡球。另外,如果锡膏黏度过低或锡膏的保形性（触变性）不好,印刷后锡膏图形会塌陷,甚至造成粘连,回流焊时也会形成焊锡球、桥接等焊接缺陷。

锡膏使用不当,例如从低温柜取出锡膏直接使用,由于锡膏的温度比室温低,产生水汽凝结,即锡膏吸收空气中的水分,搅拌后使水汽混在锡膏中,回流焊升温时,水汽蒸发带出金属粉末,在高温下水汽会使金属粉末氧化,飞溅形成焊锡球,还会产生润湿不良等问题。

（3）元器件焊端和引脚、印制电路基板的焊盘质量

当元器件焊端和引脚、印制电路基板的焊盘氧化或污染,或印制板受潮等情况下,回流焊时会产生润湿不良、虚焊,焊锡球、空洞等焊接缺陷。

（4）锡膏印刷质量

据资料统计，在 PCB 设计正确、元器件和印制板质量有保证的前提下，表面组装质量问题中有 70% 的质量问题出在印刷工艺。印刷位置正确与否（印刷精度）、锡膏量的多少、锡膏涂覆是否均匀、锡膏图形是否清晰有无粘连、印制板表面是否被锡膏粘污等都直接影响表面组装板的焊接质量。

影响印刷质量的因素很多，主要有以下因素：

① 首先是模板质量。

② 其次是锡膏的黏度、印刷性（滚动性、转移性）、触变性、常温下的使用寿命等。

③ 印刷工艺参数。

④ 设备精度方面。

⑤ 对回收锡膏的使用与管理，环境温度、湿度、以及环境卫生等。

（5）贴装元器件

贴装质量的三要素：元件正确、位置准确、压力（贴片高度）合适。

① 元件正确——要求各装配位号元器件的类型、型号、标称值和极性等特征标记要符合产品的装配图和明细表要求，不能贴错位置。

② 位置准确——元器件的端头或引脚均和焊盘图形要尽量对齐、居中。

③ 压力（贴片高度）——贴片压力（高度）要恰当合适，元器件焊端或引脚不小于 1/2 厚度要浸入锡膏。

（6）回流焊温度曲线

回流焊温度曲线对焊接质量至关重要。160℃ 前的升温速度要控制在 2℃/s 以下，从 150～160℃ 至焊料熔融称为快速升温阶段，由于助焊剂从 150～160℃ 开始就会进行分解和活化反应，如果提前反应，焊料熔融高温焊接时，助焊剂已经失去活化金属表面的作用，由于焊接界面得不到足够的激活能而影响焊接质量；从焊料熔融到凝固的时间称为回流时间，回流时间一般为 60～90s。峰值温度一般设定在比锡膏合金熔点高 30～40℃ 左右，峰值时间一般为 15～30s。峰值温度低或回流时间短，会使焊接不充分甚至锡膏不熔。峰值温度过高或回流时间长，会使金属间化合物太厚，降低焊点的抗拉强度。

2. SMT 回流焊中常见的焊接缺陷分析与预防对策

① 锡膏熔化不完全——全部或局部焊点周围有未熔化的残留锡膏。锡膏熔化不完全的原因预防对策见表 2.22。

表 2.22　锡膏熔化不完全的原因及预防对策

锡膏熔化不完全的原因分析	预防对策
当表面组装板所有焊点或大部分焊点都存在锡膏熔化不完全时，说明回流焊峰值温度低或回流时间短，造成锡膏熔化不充分	调整温度曲线，峰值温度一般定在比锡膏熔点高 30～40℃ 左右，回流时间为 30～60s
当焊接大尺寸 PCB 时，横向两侧存在锡膏熔化不完全，说明回流焊炉横向温度不均匀。这种情况一般发生在炉体比较窄，保温不良的情况。因为横向两侧比中间温度低	可适当提高峰值温度或延长回流时间。尽量将 PCB 放置在炉子中间部位进行焊接

锡膏熔化不完全的原因分析	预防对策
当锡膏熔化不完全发生在表面组装板的固定位置,例如大焊点,大元件,以及大元件周围,或发生在印制板背面贴装有大热容量器件的部位时,由于吸热过大或热传导受阻而造成	1. 双面设计时尽量将大元件布放在 PCB 的同一面,确实排布不开时,应交错排布。 2. 适当提高峰值温度或延长回流时间
红外炉问题——红外炉焊接时由于深颜色吸收热量多,黑色器件比白色焊点大约高 30~40℃左右,因此在同一块 PCB 上由于器件的颜色和大小不同、其温度就不同	为了使深颜色周围的焊点和大体积元器件达到焊接温度,必须提高焊接温度
锡膏质量问题——金属粉末的含氧量高,助焊剂性能差,或锡膏使用不当:如果从低温柜取出锡膏直接使用,由于锡膏的温度比室温低,产生水汽凝结,即锡膏吸收空气中的水分,搅拌后使水汽混在锡膏中,或使用回收与过期失效的锡膏	不要使用劣质锡膏,制订锡膏使用管理制度,例如在有效期内使用,使用前一天从冰箱取出锡膏,达到室温后才能打开容器盖,防止水汽凝结,回收的锡膏不能与新锡膏混装等

② 润湿不良——又称不润湿或半润湿。元器件焊端、引脚或印制板焊盘不沾锡或局部不沾锡。润湿不良原因和预防对策见表 2.23。

表 2.23　润湿不良的原因及预防对策

润湿不良原因分析	预防对策
元器件焊端、引脚、印制电路基板的焊盘氧化或污染,或印制板受潮	元器件先到先用,不要存放在潮湿环境中,不要超过规定的使用日期。对印制板进行清洗和去潮处理
锡膏中金属粉末含氧量高	选择满足要求的锡膏
锡膏受潮、或使用回收锡膏、或使用过期失效锡膏	回到室温后使用锡膏,制订锡膏使用条例

③ 焊料量不足与虚焊或断路——当焊点高度达不到规定要求时,称为焊料量不足。焊料量不足会影响焊点的机械强度和电气连接的可靠性,严重时会造成虚焊或断路(元器件端头或引脚与焊盘之间电气接触不良或没有连接上)。焊料量不足与虚焊或断路原因及预防对策见表 2.24。

表 2.24　焊料量不足与虚焊或断路的原因及预防对策

焊料量不足与虚焊或断路原因分析	预防对策
整体锡膏量过少原因:①可能由于模板厚度或开口尺寸不够,或开口四壁有毛刺,或喇叭口向上,脱模时带出锡膏。②锡膏滚动(转移)性差。③刮刀压力过大,尤其橡胶刮刀过软,切入开口,带出锡膏。④刷速度过快	① 加工合格的模板,模板喇叭口应向下,增加模板厚度或扩大开口尺寸。 ② 更换锡膏。 ③ 采用不锈钢刮刀。 ④ 调整印刷压力和速度。 ⑤ 调整基板、模板、刮刀的平行度
个别焊盘上的锡膏量过少或没有锡膏:①可能由于漏孔被锡膏堵塞或个别开口尺寸小。②导通孔设计在焊盘上,焊料从孔中流出	① 清除模板漏孔中的锡膏,印刷时经常擦洗模板底面。如开口尺寸小,应扩大开口尺寸。②修改焊盘设计

续表

焊料量不足与虚焊或断路原因分析	预 防 对 策
器件引脚共面性差,翘起的引脚不能与其相对应的焊盘接触	运输和传递 SMD 器件、特别是 SOP 和 QFP 的过程中不要破坏它们的包装,人工贴装时尽量采用吸笔不要碰伤引脚
PCB 变形,使大尺寸 SMD 器件引脚不能完全与锡膏接触	① PCB 设计时要考虑长、宽和厚度的比例。②大尺寸 PCB 回流焊时应采用底部支撑

④ 吊桥和移位——吊桥是指两个焊端的表面组装元件,经过回流焊后其中一个端头离开焊盘表面,整个元件呈斜立或直立,如石碑状,又称墓碑现象、曼哈顿现象;移位是指元器件端头或引脚离开焊盘的错位现象。吊桥和移位原因及预防对策见表 2.25。

表 2.25　吊桥和移位的原因及预防对策

吊桥和移位原因分析	预 防 对 策
a. 两个焊盘尺寸大小不对称,焊盘间距过大或过小,使元件的一个端头不能接触焊盘	按照 Chip 元件的焊盘设计原则进行设计,注意焊盘的对称性、焊盘间距应等于元件的总长度减去两个电极的长度及修正系数 0.25 ± 0.05mm(视元件尺寸而定)
b. 贴装位置偏移,或元件厚度设置不正确或贴片头 Z 轴高度过高,贴片时元件从高处扔下造成	提高贴装精度,精确调整首件贴装坐标,连续生产过程中发现位置偏移时应及时修正贴装坐标。设置正确的元件厚度和贴片高度
c. 元件的一个焊端氧化或被污染或元件端头电极附着力不良。焊接时元件端头不润湿或脱帽(端头电极脱落)	严格来料检验制度,严格进行首件焊后检验,每次更换元件后也要检验,发现端头问题及时更换元件
d. PCB 焊盘被污染(有丝网、字符、阻焊膜或氧化等)	严格来料检验制度,把问题反映给 PCB 设计人员及 PCB 加工厂。对已经加工好 PCB 的焊盘上如有丝网、字符可用小刀轻轻刮掉
e. 两个焊盘上的锡膏量不一致(模板漏孔被锡膏堵塞,或开口小)	清除模板漏孔中的锡膏,印刷时经常擦洗模板底面。如开口尺寸小,应扩大开口尺寸
f. 贴片压力过小,元件焊端或引脚浮在锡膏表面,锡膏粘不住元件,在传递和回流焊时产生位置移动。(由于元件厚度或贴片头 Z 轴高度设置不准确)	在贴片程序中输入正确的元件厚度和贴片头 Z 轴高度。Z 轴高度调整到:使吸嘴刚好碰到元件表面,再略微提高一点
g. 传送带震动会造成元器件位置移动	检查传送带是否太松,可调大轴距或去掉 1~2 节链条;检查电机是否有故障;检查入口和出口处导轨衔接高度和距离是否匹配。人工放置 PCB 时要轻拿轻放
h. 风量过大	调整风量
总结:原因 c、d 都会在焊锡融化(回流动)时引起熔融焊锡对焊盘、焊端不润湿或局部不润湿,当元件的两个焊端或两个焊盘没有同时被焊锡润湿时,由于表面张力不平衡,造成移位和吊桥状焊接缺陷	

⑤ 焊点桥接或短路——桥接又称连桥。元件端头之间、元器件相邻的焊点之间以及焊点与邻近的导线、通孔等电气上不该连接的部位被焊锡连接在一起(桥接不一定短路,但短路一定是桥接)。桥接原因及预防对策见表 2.26。

表 2.26　桥接的原因及预防对策

桥接原因分析	预防对策
焊锡量过多：可能由于模板厚度与开口尺寸不恰当；模板与印制板表面不平行或有间隙	① 减薄模板厚度或缩小开口尺寸或改变开口形状； ② 调整模板与印制板表面之间距离，使接触并平行
由于锡膏黏度过低，触变性不好，印刷后塌边，使锡膏图形粘连	选择黏度适当、触变性好的锡膏
由于印刷质量不好，使锡膏图形粘连	提高印刷精度并经常擦洗模板底面
贴片位置偏移	提高贴装精度
贴片压力过大，锡膏挤出量过多，使图形粘连	提高贴片头 Z 轴高度，减小贴片压力
由于贴片位置偏移，人工拨正后使锡膏图形粘连	提高贴装精度，减少人工拨正的频率
焊盘间距过窄	修改焊盘设计
总结：在焊盘设计正确、模板厚度及开口尺寸正确、锡膏质量没有问题的情况下，应通过提高印刷和贴装质量来减少桥接现象	

⑥ 焊锡球——又称焊料球、焊锡珠，是指散布在焊点附近的微小珠状焊料。产生焊锡球的原因及预防对策见表 2.27。

表 2.27　产生焊锡球的原因及预防对策

产生焊锡球的原因分析	预防对策
锡膏本身质量问题：如金属微粉含量高，回流焊升温时金属微粉随着溶剂、气体蒸发而飞溅，如金属粉末的含氧量高，还会加剧飞溅，形成焊锡球。另外，如果锡膏黏度过低或锡膏的保形（触变）性不好，印刷后锡膏图形会塌陷，甚至造成粘连，回流焊时也会形成焊锡球	控制锡膏质量，$< 20\mu m$ 微粉颗粒应少于 10%
元器件焊端和引脚、印制电路基板的焊盘氧化或污染，或印制板受潮，回流焊时不但会产生不润湿、虚焊，还会形成焊锡球	严格来料检验，如印制板受潮或污染，贴装前应清洗并烘干
锡膏使用不当：如果从低温柜取出锡膏直接使用，由于锡膏的温度比室温低，产生水汽凝结，即锡膏吸收空气中的水分，搅拌后使水汽混在锡膏中，回流焊升温时，水汽蒸发带出金属粉末，同时在高温下水汽会使金属粉末氧化，也会产生飞溅形成焊锡球	在有效期内使用，使用前一天从冰箱取出锡膏，达到室温后才能打开容器盖，防止水汽凝结
温度曲线设置不当：如果升温区的升温速率过快，锡膏中的溶剂、气体蒸发剧烈，金属粉末随溶剂蒸汽飞溅形成焊锡球。如果预热区温度过低，突然进入焊接区，也容易产生焊锡球	温度曲线和锡膏的升温斜率和峰值温度应基本一致。160℃ 前的升温速度控制在 $1 \sim 2$℃/s
锡膏量过多，贴装时锡膏挤出量多：可能由于模板厚度与开口尺寸不恰当；或模板与印制板表面不平行或有间隙	① 加工合格模板。② 调整模板与印制板表面之间距离，使接触并平行

续表

产生焊锡球的原因分析	预 防 对 策
印刷工艺方面：印刷质量不好的原因很多，如刮刀压力过大、模板质量不好、印刷时会造成锡膏图形粘连，或没有及时将模板底部的残留锡膏擦干净，印刷时使锡膏粘污焊盘以外的地方，或锡膏量过多等等原因	严格控制印刷工艺，保证印刷质量
贴片压力过大，锡膏挤出量过多，使图形粘连	提高贴片头 Z 轴高度，减小贴片压力

⑦ 气孔——分布在焊点表面或内部的气孔、针孔，或称空洞。气孔原因及预防对策见表 2.28。

表 2.28　锡膏熔化不完全的原因及预防对策

气孔原因分析	预 防 对 策
a. 锡膏中金属粉末的含氧量高、或使用回收锡膏、工艺环境卫生差、混入杂质	控制锡膏质量，制订锡膏使用条例
b. 锡膏受潮，吸收了空气中的水汽	达到室温后才能打开锡膏的容器盖，控制环境温度 20～26℃、相对湿度 40%～70%
c. 元器件焊端、引脚、印制电路基板的焊盘氧化或污染，或印制板受潮	元器件先到先用，不要存放在潮湿环境中，不要超过规定的使用日期
d. 升温区的升温速率过快，锡膏中的溶剂、气体蒸发不完全，进入焊接区产生气泡、针孔	160℃前的升温速度控制在 1～2℃/s
原因 a、b、c 都会引起焊锡熔融时焊盘、焊端局部不润湿，未润湿处的助焊剂排气、以及氧化物排气时产生空洞	

⑧ 焊点高度接触或超过元件体（吸料现象）——焊接时焊料向焊端或引脚跟部移动，使焊料高度接触元件体或超过元件体。焊点过高原因及预防对策见表 2.29。

表 2.29　焊点过高的原因及预防对策

焊点过高原因分析	预 防 对 策
焊锡量过多：可能由于模板厚度与开口尺寸不恰当；模板与印制板表面不平行或有间隙	① 减薄模板厚度或缩小开口尺寸或改变开口形状； ② 调整模板与印制板表面之间距离，使接触并平行
PCB 加工质量问题或焊盘氧化、污染，（有丝网、字符、阻焊膜或氧化等），或 PCB 受潮。焊料熔融时由于 PCB 焊盘润湿不良，在表面张力的作用下，使焊料向元件焊端或引脚上吸附（又称吸料现象）。 另一种解释，由于引脚温度比焊盘处温度高，熔融焊料容易向高温处流动	严格来料检验制度，把问题反映给 PCB 设计人员及 PCB 加工厂；对已经加工好 PCB 的焊盘上如有丝网、字符可用小刀轻轻刮掉；如印制板受潮或污染，贴装前应清洗并烘干

⑨ 锡丝——元件焊端之间、引脚之间、焊端或引脚与通孔之间的微细锡丝。锡丝原因及预防对策见表 2.30。

表 2.30　锡丝的原因及预防对策

锡丝原因分析	预防对策
如果发生在 Chip 元件体底下,可能由于焊盘间距过小,贴片后两个焊盘上的锡膏粘连	扩大焊盘间距
预热温度不足,PCB 和元器件温度比较低,突然进入高温区,溅出的焊料贴在 PCB 表面而形成	调整温度曲线,提高预热温度;可适当提高一些峰值温度或加长回流时间
锡膏可焊性差	更换锡膏

⑩ 元件裂纹缺损——元件体或端头有不同程度的裂纹或缺损现象。元件裂纹缺损原因及预防对策见表 2.31。

表 2.31　元件裂纹缺损的原因及预防对策

元件裂纹缺损原因分析	预防对策
元件本身的质量	制订元器件入厂检验制度,更换元器件
贴片压力过大	提高贴片头 Z 轴高度,减小贴片压力
回流焊的预热温度或时间不够,突然进入高温区,由于击热造成热应力过大	调整温度曲线,提高预热温度或延长预热时间
峰值温度过高,焊点突然冷却,由于击冷造成热应力过大	调整温度曲线,冷却速率应 $<4℃/s$

⑪ 元件端头镀层剥落——元件端头电极镀层不同程度剥落,露出元件体材料。端头镀层剥落原因及预防对策见表 2.32。

表 2.32　端头镀层剥落的原因及预防对策

端头镀层剥落原因分析	预防对策
元件端头电极镀层质量不合格	可通过元件端头可焊性试验判断,如质量不合格,应更换元件
元件端头电极为单层镀层时,没有选择含银的锡膏,铅锡焊料熔融时,焊料中的铅将钯银厚膜电极中的银食蚀掉,造成元件端头镀层剥落,俗称"脱帽"现象	一般应选择三层金属电极的片式元件。单层电极时,应选择含 2% 银的锡膏,可防止蚀银现象

⑫ 元件侧立——元件翻转 90°侧面向上。元件侧立原因及预防对策见表 2.33。

表 2.33　元件侧立的原因及预防对策

元件侧立原因分析	预防对策
由于元件厚度设置不正确或贴片头 Z 轴高度过高,贴片时元件从高处扔下造成侧立	设置正确的元件厚度,调整贴片高度
拾片压力过大引起供料器震动,将纸带下一个孔穴中的元件侧立	调整贴片头 Z 轴拾片高度

⑬ 元件面贴反——片式电阻器字符面向下。元件面贴反原因及预防对策见表 2.34。

表 2.34　元件面贴反的原因及预防对策

元件面贴反原因分析	预防对策
由于元件厚度设置不正确或贴片头 Z 轴高度过高,贴片时元件从高处扔下造成翻面	设置正确的元件厚度,调整贴片高度
拾片压力过大引起供料器震动,将纸带下一个孔穴中的元件翻面	调整贴片头 Z 轴拾片高度

⑭ 冷焊——焊点表面呈现焊锡紊乱痕迹。冷焊原因及预防对策见表 2.35。

表 2.35　冷焊的原因及预防对策

冷焊原因分析	预防对策
由于传送带震动,冷却时受到外力影响,使焊锡紊乱	检查传送带是否太松,可调大轴距或去掉 1~2 节链条;检查电机是否有故障;检查入口和出口处导轨衔接高度和距离是否匹配。人工放置 PCB 时要轻拿轻放
由于回流温度过低或回流时间过短,焊料熔融不充分	调整温度曲线,提高峰值温度或延长回流时间

⑮ 焊锡裂纹——焊锡表面或内部有裂缝。焊锡裂纹原因及预防对策见表 2.36。

表 2.36　焊锡裂纹的原因及预防对策

焊锡裂纹原因分析	预防对策
峰值温度过高,焊点突然冷却,由于击冷造成热应力过大。在焊料与焊盘或元件焊端交接处容易产生裂纹	调整温度曲线,冷却速率应 < 4℃/s

（六）连续焊接

首件焊接后的表面组装板经检验合格后才可进行连续焊接。焊接步骤为:

① 经过贴装检验合格的表面组装板才可进行焊接。

② 将表面组装板平稳的放在网状传送带(或链条导轨)上。

③ 注意观察温度参数的变化,温度变化范围应在 ±1~±5℃(根据设备指标)。

④ 当生产线没有配置卸板装置的情况下,在出口处及时接板,防止表面组装板下滑(或跌落)碰撞元器件(如果全自动生产线,则反转 PCB 贴装第二面或转在线测或由卸板装置卸下 PCB)。

（七）检验

① 对焊接后的每块表面组装板都要进行检验。

② 检验方法、内容和标准同首件表面组装板检验。

③ 如有"在线测"设备,可直接按照"在线测"要求执行。

（八）停炉

① 关机前检查,确保炉内没有运行的表面组装板。

② 一般情况下,启动冷态关机程序,炉温降低到 90℃ 会自动关机。

③ 特殊情况下,可以打开炉盖加快冷却速度。

④ 关闭计算机和显示器。

⑤ 注意先关 UPS 后备电源,再关回流焊炉电源,最后关排风电源。

(九)《IPC—A—610E》表面贴装组件标准

项目一的任务 3—2 中已经对大部分《IPC—A—610E》表面贴装组件标准作了介绍,这里仅对前面未涉及的部分表面贴装组件标准进行补充。

1. 城堡形端子

(1) 侧面偏移

① 目标—1,2,3 级(见图 2.44),条件为:无侧面偏移。

② 可接受—1,2 级(见图 2.45)。条件为:最大侧面偏移(A)为城堡宽度(W)的 50%。

③ 可接受—3 级,条件为:最大侧面偏移(A)为城堡宽度(W)的 25%。

④ 缺陷—1,2 级,表现为:侧面偏移(A)大于城堡宽度(W)的 50%。

⑤ 缺陷—3 级,表现为:侧面偏移(A)大于城堡宽度(W)的 25%。

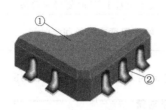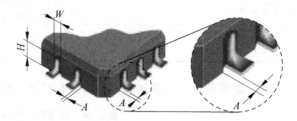

图 2.44　城堡形端子:侧面偏移目标—1,2,3 级　　图 2.45　城堡形端子:侧面偏移可接受—1,2,3 级

(2) 末端偏移

① 可接受—2,3 级(见图 2.46),条件为:无末端偏移。

② 缺陷—1,2,3 级,表现为:末端偏移(B)。

(3) 最小末端连接宽度

① 目标—1,2,3 级(见图 2.47)。条件为:末端连接宽度(C)等于城堡宽度(W)。

② 可接受—1,2 级。条件为:最小末端连接宽度(C)等于城堡宽度(W)的 50%。

③ 可接受—3 级。条件为:最小末端连接宽度(C)等于城堡宽度(W)的 75%。

④ 缺陷—1,2 级。表现为:末端连接宽度(C)小于城堡宽度(W)的 50%。

⑤ 缺陷—3 级。表现为:末端连接宽度(C)小于城堡宽度(W)的 75%。

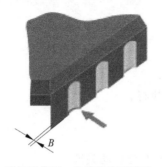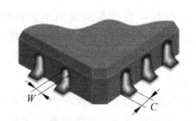

图 2.46　城堡形端子:末端偏移可接受—1,2,3 级　　图 2.47　城堡形端子:最小末端连接宽度

（4）最小侧面连接长度

① 可接受－1 级（见图 2.48）。条件为：润湿填充明显。

② 可接受－1,2,3 级。条件为：焊料从城堡的后墙面延焊盘伸至或超出元器件的边缘。

③ 缺陷－1,2,3 级。表现为：润湿填充不明显；焊料没有从城堡的后墙面延焊盘伸至或超越元器件的边缘。

（5）最大填充高度

① 可接受－1,2,3 级（见图 2.49）。条件为：最大填充可以延伸超过城堡的顶部，只要焊料未延伸至元器件本体上。

② 缺陷－1,2,3 级。表现为：焊料填充违反最小电气间隙；焊料延伸超过城堡顶部，接触了元器件本体。

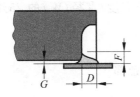

图 2.48　城堡形端子：最小侧面连接长度

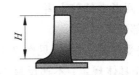

图 2.49　城堡形端子：最大填充高度

（6）最小填充高度

① 可接受－1 级（见图 2.50）。条件为：润湿填充明显。

② 可接受－2 级。条件为：最小填充高度（F）为焊料厚度（G）（未图示）加城堡高度（H）的 25%。

③ 可接受－3 级。条件为：最小填充高度（F）为焊料厚度（G）（未图示）加城堡高度（H）的 50%。

④ 缺陷－1 级。表现为：润湿填充不明显。

⑤ 缺陷－2 级。表现为：最小填充高度（F）小于焊料厚度（G）（未图示）加城堡高度（H）的 25%。

⑥ 缺陷－3 级。表现为：最小填充高度（F）小于焊料厚度（G）（未图示）加城堡高度（H）的 50%。

（7）焊料厚度

① 可接受－1,2,3 级。条件为：润湿填充明显。

② 缺陷－1,2,3 级。表现为：无润湿的填充。

2. 圆形或扁圆（精压）鸥翼形引线

（1）侧面偏移

① 目标－1,2,3 级（见图 2.51）。条件为：无侧面偏移。

② 可接受－1,2 级。条件为：侧面偏移（A）不大于引线宽度/直径（W）的 50% 或 0.5mm[0.02in]，取两者中的较小者。

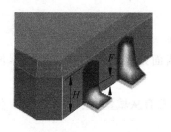

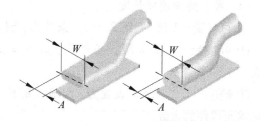

图 2.50　城堡形端子：最小填充高度　　　　图 2.51　圆形或扁圆(精压)鸥翼形引线侧面偏移

③ 可接受－3 级。条件为：侧面偏移(A)不大于引线宽度/直径(W)的 25％或 0.5mm[0.02in]，取两者中的较小者。

④ 缺陷－1,2 级。条件为：侧面偏移(A)大于引线宽度/直径(W)的 50％或 0.5mm[0.02in]，取两者中的较大者。

⑤ 缺陷－3 级。表现为：侧面偏移(A)大于引线宽度/直径(W)的 25％或 0.5mm[0.02in]，取两者中的较大者。

(2) 趾部偏移

① 可接受－1,2,3 级(见图 2.52)。条件为：对于趾部偏移(B)未作具体规定；不违反最小电气间隙。

② 缺陷－1,2,3 级。表现为：趾部偏移(B)违反最小电气间隙。

(3) 最小末端连接宽度

① 目标－1,2,3 级(见图 2.53)。条件为：末端连接宽度(C)等于或大于引线宽度/直径(W)。

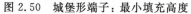

图 2.52　圆形或扁圆(精压)鸥翼形引线趾部偏移

② 可接受－1,2 级。条件为：润湿填充明显。

③ 可接受－3 级。条件为：末端连接宽度(C)至少为引线宽度/直径(W)的 75％。

④ 缺陷－1,2 级。表现为：润湿填充不明显。

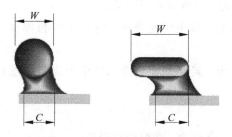

图 2.53　圆形或扁圆(精压)鸥翼形引线最小末端连接宽度

⑤ 缺陷－3 级。表现为：最小末端连接宽度(C)小于引线宽度/直径(W)的 75％。

(4) 最小侧面连接长度

① 可接受－1,2 级(见图 2.54)。条件为：侧面连接长度(D)等于引线宽度/直径(W)。

② 可接受－3 级。条件为：最小侧面连接长度(D)等于引线宽度/直径(W)的 150％。

③ 缺陷－1,2 级。侧面连接长度(D)小于引线宽度/直径(W)。

④ 缺陷－3 级。表现为：最小侧面连接长度(D)小于引线宽度/直径(W)的 150％。

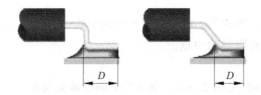

图 2.54　圆形或扁圆(精压)鸥翼形引线最小侧面连接长度

（5）最大跟部填充高度

① 目标－1,2,3 级(见图 2.55)。条件为：跟部填充延伸到引线厚度以上但未爬升至引线上方弯曲处；焊料未接触元器件本体。

② 可接受－1,2,3 级。条件为：焊料接触塑封 SOIC 或 SOT 元器件本体；焊料未接触陶瓷或金属元器件本体。

③ 缺陷－1 级。表现为：润湿填充不明显。

④ 缺陷－2,3 级。表现为：焊料接触除 SOIC 和 SOT 以外的塑封元器件本体；焊料接触陶瓷或金属元器件本体。

⑤ 缺陷－1,2,3 级。表现为：焊料过多以至违反了最小电气间隙。

图 2.55　圆形或扁圆(精压)鸥翼形引线最大跟部填充高度

（6）最小跟部填充高度

① 可接受－1,2,3 级(见图 2.56)。条件为：对于趾部下倾的引线(未图示)，最小跟部填充高度(F)至少伸延至引线弯曲外弧线的中点。

② 可接受－1 级。条件为：润湿填充明显。

③ 可接受－2 级。条件为：最小跟部填充高度(F)等于焊料厚度(G)加连接侧的引线厚度(T)的 50％。

④ 可接受－3 级。条件为：最小跟部填充高度(F)等于焊料厚度(G)加连接侧的引线厚度(T)。

⑤ 缺陷－1 级。表现为：润湿填充不明显。

⑥ 缺陷－2 级。表现为：最小跟部填充高度(F)小于焊料厚度(G)加连接侧的引线厚度(T)的 50％。

图 2.56　圆形或扁圆(精压)鸥翼形引线最小跟部填充高度

⑦ 缺陷－3 级。表现为：最小跟部填充高度(F)小于焊料厚度(G)加连接侧的引线厚度(T)。

⑧ 缺陷－1,2,3 级。表现为：对于趾部下倾的引线(未图示)，最小跟部填充高度(F)没有至少延伸至引线弯曲外弧线的中点。

(7) 焊料厚度

① 可接受－1,2,3 级(见图 2.57)。条件为：润湿填充明显。

② 缺陷－1,2,3 级。表现为：无润湿的填充。

图 2.57　圆形或扁圆(精压)鸥翼形引线焊料厚度

3. J 形引线

(1) 侧面偏移

① 目标－1,2,3 级。条件为：无侧面偏移。

② 可接受－1,2 级(见图 2.58)。条件为：侧面偏移(A)等于或小于引线宽度(W)的 50％。

③ 可接受－3 级。条件为：侧面偏移(A)等于或小于引线宽度(W)的 25％。

④ 缺陷－1,2 级。表现为：侧面偏移(A)大于引线宽度(W)的 50％。

⑤ 缺陷－3 级。表现为：侧面偏移(A)大于引线宽度(W)的 25％。

(2) 趾部偏移

可接受－1,2,3 级(见图 2.59)。条件为：趾部偏移(B)是一个未作规定的参数。

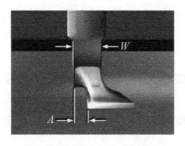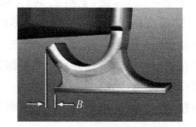

图 2.58　J 形引线：侧面偏移　　　　图 2.59　J 形引线：趾部偏移

(3) 末端连接宽度

① 目标－1,2,3 级(见图 2.60)。条件为：末端连接宽度(C)等于或大于引线宽度(W)。

② 可接受－1,2 级。条件为：最小末端连接宽度(C)为引线宽度(W)的 50％。

③ 可接受－3 级。条件为：最小末端连接宽度(C)为引线宽度(W)的 75％。

④ 缺陷－1,2 级。表现为：最小末端连接宽度(C)小于引线宽度(W)的 50％。

⑤ 缺陷－3 级。表现为：最小末端连接宽度(C)小于引线宽度(W)的 75％。

（4）侧面连接长度

① 目标－1,2,3 级（见图 2.61）。条件为：侧面连接长度(D)大于引线宽度(W)的 200％。

② 可接受－1 级。条件为：润湿的填充。

③ 可接受－2,3 级。条件为：侧面连接长度(D)大于或等于引线宽度(W)的 150％。

④ 缺陷－2,3 级。表现为：侧面连接长度(D)小于引线宽度(W)的 150％。

⑤ 缺陷－1,2,3 级。表现为：润湿填充不明显。

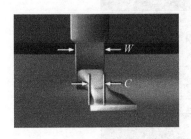

图 2.60　J 形引线的末端连接宽度

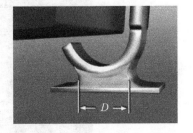

图 2.61　J 形引线的侧面连接长度

（5）最大跟部填充高度

① 可接受－1,2,3 级（见图 2.62）。条件为：焊料填充未接触封装本体。

② 缺陷－1,2,3 级。表现为：焊料填充接触封装本体。

（6）最小跟部填充高度

① 目标－1,2,3 级（见图 2.63）。条件为：跟部填充高度(F)大于引线厚度(T)加焊料厚度(G)。

② 可接受－1,2 级。条件为：最小跟部填充高度(F)至少等于引线厚度(T)的 50％加焊料厚度(G)。

③ 可接受－3 级。条件为：跟部填充高度(F)至少等于引线厚度(T)加焊料厚度(G)。

④ 缺陷－1,2,3 级。表现为：跟部填充未润湿。

⑤ 缺陷－1,2 级。表现为：跟部填充高度(F)小于引线厚度(T)的 50％加焊料厚度(G)。

⑥ 缺陷－3 级。表现为：跟部填充高度(F)小于引线厚度(T)加焊料厚度(G)。

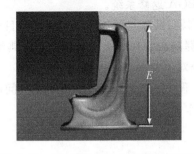

图 2.62　J 形引线的最大跟部填充高度

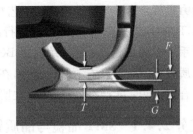

图 2.63　J 形引线的最小跟部填充高度

五、问题探究

请根据以下 2 种要求正确设置炉温参数：①八温区回流焊炉,使用有铅工艺；②八温区回流焊炉,使用无铅工艺。

六、拓展训练

对华阳电器制造有限公司漏电保护器主板 JLZ—11—200 产品(见图 2.64)实施回流焊作业。

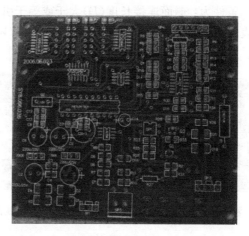

图 2.64　漏电保护器主板 JLZ—11—200

模块 2.4　SMT 品检与返修

通过本模块的学习你将能够回答以下问题:

1. SMT 品检从哪些方面进行?

2. SMT 品检有哪些方法?

3. SMT 品质管理的七大手法有哪些,各有何特点?

4. 返修时要注意哪些问题?

通过本模块的学习,我们将了解表面贴装元件品检的相关知识,熟悉品检内容;掌握 SMT 品检的方法及不同检验方法所使用的设备工具;掌握目检的要领;掌握品质管理的七大手法;掌握典型元器件的拆焊方法;能熟练使用 BGA 返修系统。

能力目标:能对元器件、PCB、工艺材料、SMT 印刷、贴片与回流焊等项目进行目检;会使用 ICT、AOI、X—RAY 检测设备进行品检;能掌握品质管理的七大手法;能对典型元器件进行手工拆焊与返修;能熟练使用 BGA 返修系统对不良品进行返修。

素质目标:培养自主学习的能力,在完成任务过程中能发现问题,分析和解决问题;培养团队合作意识;能严格进行安全、文明、规范的操作,5S、ESD 到位。

任务 2.4.1　SMT 品检与品质管理

一、任务目标

- 能对焊膏印刷质量、贴片质量、焊点质量、组件表面质量等内容进行目检。
- 能用 ICT、AOI、X—RAY 检测设备对电路进行检验。

- 能了解品质管理的七大手法。

二、工作任务

- 对已经回流焊的 HE6105 示波器水平放大电路进行检测。
- 对 HE6105 示波器水平放大电路进行返修。

三、任务实施

展示已回流焊接的 HE6105 示波器水平放大电路板,本任务采用目检和使用 ICT、AOI、X—RAY 等检测设备检测 HE6105 示波器水平放大电路,并进行返修。

（一）目检作业

通过学习相关知识,完成以下子任务

> 子任务：目检作业。
>
> **请思考：**目检作业需要用到哪些工具?

（二）仪器检测作业

通过学习相关知识,完成以下 3 个子任务。

> 子任务 1：ICT 检测。
>
> **请思考：**ICT 检测系统的基本构成有哪些? 工作原理是什么? ICT 检测系统具有哪些功能? ICT 检测系统应该如何使用?
>
> 子任务 2：AOI 检测。
>
> **请思考：**AOI 检测系统的基本构成有哪些? 工作原理是什么? AOI 检测系统具有哪些功能? AOI 检测系统应该如何使用?
>
> 子任务 3：X—RAY 检测。
>
> **请思考：**X—RAY 检测系统的基本构成? 工作原理是什么? X—RAY 检测系统具有哪些功能? X—RAY 检测系统应该如何使用?

（三）成品检验记录

选用合适的检测方法和设备,对已经回流焊接的 HE6105 示波器水平放大电路进行检测,填写成品检验记录单,如表 2.37 所示。

表 2.37 成品检验记录表

产品名称		检验员	
检验方式		检验日期	
检验项目	标准要求	验证结果	合格否
检验结论：合格( )不合格( )			

（四）品质管理手法

通过学习相关知识，完成以下子任务。

子任务：认识品质管理手法。

请思考：品质管理中"七大手法"指的是哪些？各种品管手法的特点？品管"七大手法"在分析解决问题时各自的适用范围是什么？

四、相关知识

SMT品检从检测位置上分为来料检测（IQC）、工艺过程检测（IPQC）、成品检测（FQC）、出厂检验（QQC）等方面；从检测方法上可分为目视检验、在线测试（ICT）、自动光学检测（AOI）、X—RAY检测等。

（一）目检作业

检验作业工具包括游标卡尺、千分尺、3—20倍放大镜、显微镜、防静电手套、镊子等。此外，还有结构性检验工具（如拉力计、扭力计）和特性检验使用检测器或设备（如万用表、电容表、LCR表、示波器等）。

目检作业主要内容包括元器件来料检验、PCB基板质量、工艺材料来料检验、锡膏印刷、贴片与回流焊等工艺制程方面问题的检验。

1. 元器件来料检验

以集成器件来料检验为例，作业指导如表2.38所示。

表2.38　来料检验集成器件作业指导

名称：集成器件（IC）		
检验项目	检验方法	检验内容
1. 型号规格	目检	检查型号规格是否符合规定要求
2. 包装、数量	目检	检查包装是否为防静电密封包装；清点数量是否符合
3. 封装、标识	目检	检查封装是否符合要求，表面有无破损、引脚是否平整且无氧化
		检查标识是否正确、清晰
4. 功能测试	替代法测试	将需测试的IC与车台板（振动传感器）上相同型号的IC替换，再进行功能测试，功能正常的判合格
测试用仪器、仪表、工具		
（1）放大镜（5倍）		
（2）模拟板		
（3）车台控制板工装、振动传感器		
注意事项		
（1）检验时需戴手套、不能直接用手接触集成电路		
（2）要有防静电措施		

2. PCB检测

来料PCB检测主要包括尺寸、外观、翘曲度、阻焊膜附着力等，作业指导如表2.39所示。

表 2.39　来料检测 PCB 作业指导

名称：印制电路板（PCB）

检验项目	检验方法	检验内容
1. 型号规格	目检	检查型号规格是否符合规定要求
2. 材质	目检	检查材质是否符合规定要求
3. 包装、数量	目检	检查包装是否为密封包装；清点数量是否符合
4. 外形尺寸	目检	测量外形尺寸是否符合要求
5. 表面丝印质量	目检	检查表面丝印内容是否正确、有无漏印、印斜、字迹模糊不清等现象
6. PCB 质量	目检	线路板有无弯曲、变形现象，是否会影响安装质量
		检查各线路之间是否有桥接现象；焊盘孔、安装孔是否有被堵现象
		导体线路是否有损坏，有损坏是否露出基层金属，所焊接有无影响
		表面阻焊膜是否有起泡、上升或浮起现象
		焊盘和贯穿孔的对准度是否脱离中心
		是否有因斑点、小水泡或膨胀而造成叠板内部纤维分离
		是否有脏油和外来影响安装质量
		有轻微的脏污
测试用仪器、仪表、工具：放大镜和游标卡尺		

3. 工艺材料来料检验

工艺材料来料检验主要包括以下几个方面，作业指导详如表 2.40 所示。

表 2.40　工艺材料来料检验作业指导

检测类别	检测项目	检测方法
1. 锡膏	金属百分比	加热分离称重法
	焊料球	再流焊
	黏度	旋转式粘度计
	粉末氧化均量	俄歇分析法
	无铅检测	荧光 X 射线分析仪
2. 焊锡	金属污染量	原子吸附测试
3. 助焊剂	活性	铜镜测试
	浓度	比重计
	变质	目测颜色
4. 黏结剂	黏性	黏度强度试验

4. SMT 制程质量分析

经回流或波峰焊接后的电路板（PCBA）出现的故障应从 SMT 整个工艺制程进行全面分析，而不能仅仅从回流或波峰制程中分析，PCBA 常见故障现象产生与工艺、物料关系如表 2.41 所示。

表 2.41　PCBA 常见故障现象产生与制程关系

故障 \ 工艺物料	元件	基板	锡膏	模板	印刷	贴片	焊接
虚焊	√	√		√	√		√
元件反向	√	√				√	√
短路		√	√	√	√	√	√
对位不准		√		√	√		
锡珠		√	√	√	√	√	√
基碑效应	√	√	√	√	√	√	√
少锡					√		
芯吸	√			√		√	

（二）ICT 检测

1. ICT 分类及工作原理

ICT 是 IN Circuit Tester 英文的简称，中文含义是"在线测试仪"。ICT 可分为针床 ICT 和飞针 ICT。

针床 ICT 可进行模拟器件功能和数字器件逻辑功能测试，故障覆盖率高，但对每种单板需制作专用的针床夹具，夹具制作和程序开发周期长。使用时，将 SMA 放置在专门设计的针床夹具上，安装在夹具上的弹簧测试探针与组件的引线或测试焊盘接触。由于接触了板子上的所有网络，所有仿真和数字器件均可以单独测试，并可以迅速诊断出故障器件。

飞针 ICT 基本只进行静态的测试，优点是不需制作夹具，程序开发时间短。飞针测试的开路测试原理和针床的测试原理是相同的，通过两根探针同时接触网络的端点进行通电，所获得的电阻与设定的开路电阻比较，从而判断开路与否。但短路测试原理与针床的测试原理不同。

2. ICT 功能

① 焊接缺陷检查。通常 ICT 检查的焊接缺陷如表 2.42 所示。

表 2.42　ICT 检查焊接缺陷项目

缺陷名称	是否测出	显示
焊点桥联	可	显示焊点位置
焊锡量不足	否	
焊点锡过量	否	
空缺	可	显示焊点符号
虚焊	可	显示焊点符号
导线断线	可	显示焊点符号

② 元器件缺陷检查。元器件缺陷检查的焊接缺陷如表 2.43 所示。

表 2.43　检查元器件缺陷项目

贴装元器件	漏装	悬浮	极性	检出内容
片状电阻	○	○	—	超过标称值容差时判为元器件不良;借助可接触铝壳的探针,可判断电容的极性
片状电容	○	○	—	
铝电解电容	○	○	△	
电感线圈	○	○	—	
三极管	○	○	○	根据二极管导通电压测定,可判断极性。三极管与光耦的测定,分别在基极和 LED 上加偏置电压,根据动作状态判定
二极管	○	○	○	
光电耦合器	○	○	○	
SOP/QFP IC	○	△	△	通过测定 VCC 及 I/O 端脚电压进行判断,低阻电路网络中有时不能判断
SOJ/PLCC IC	○	△	△	
连接器	△	△	△	另配 Delta Scan 功能选件

注:○表示可判别;△表示可判别但需加附加条件;—表示无该项目测试。

（三）AOI 检测

1. AOI 分类及工作原理

AOI 是 Automated Optical Inspection 的英文缩写,中文含义为自动光学检测,泛指自动光学检测技术或自动光学检查设备。

AOI 设备一般可分为在线式和桌面式两大类。其工作原理是通过光源对 PCB 进行照射,用光学镜头将 PCB 的反射光采集进计算机,通过计算机软件对包含 PCB 信息的色彩差异或灰度比进行分析处理,从而判断 PCB 板上锡膏印刷、元件放置、焊点焊接质量等情况。

2. AOI 检测优点及功能

随着印制电路装配变得更小和更密,自动光学检查（AOI）设备正被越来越多地用来监视和保证电路板组件的品质,它可以帮助制造商提高在线测试（ICT）或功能测试的通过率、降低目检和 ICT 的人工成本、避免 ICT 成为产能瓶颈、缩短新产品产能提升周期以及通过统计过程控制（SPC）改善成品率。其优点包括:①检查和纠正 PCB 缺陷,在过程监测期间进行的成本远远低于在最终测试和检查之后进行的成本。②能尽早发现重复性错误。③为工艺技术人员提供 SPC 资料。④能适应 PCB 组装密度进一步提高的要求。⑤测试程序的生成十分迅速。⑥能跟上 SMT 生产线的生产节拍。⑦检测的可靠性较高。

AOI 技术十分方便灵活,可用于生产线上的多个位置,其中有三个检查位置是主要的:①锡膏印刷之后。检查在锡膏印刷之后进行,可发现印刷过程的缺陷,从而将因为锡膏印刷不良产生的焊接缺陷降低到最低。②回流焊前。检查是在组件贴放在板上锡膏内之后和 PCB 被送入回流炉之前完成的。③回流焊后。采用这种方案最大的好处是所有制程中的不良现象都能够在这一阶段检出,因此不会有缺陷流到最终客户手中。

（四）X—RAY 检测

1. X—RAY 工作原理

X 射线透视图可以显示焊点厚度、形状及质量的密度分布,能充分反映出焊点的焊接质量。X—RAY 最大的特点是能对 BGA 等部件的内部进行检测。

工作原理：当组装好的线路板（PCBA）沿导轨进入机器内部后，位于线路板下方有一个X—RAY 发射管，其发射的 X 射线穿过线路板后被置于上方的探测器接受，由于焊点中含有大量吸收 X 射线的铅，因此与穿过玻璃纤维、硅、铜等其他材料的 X 射线相比，照射在焊点上的 X 射线被大量吸收，而呈黑点产生良好图形，使对焊点的分析变得相当直观。

2. X—RAY 检测功能

X—RAY 的检测功能可归纳如下：

① BGA、CSP、Flip、Chip 检测。

② PCB 板焊接情况检测。

③ 短路、开路、空洞、冷焊的检测。

④ IC 封装检测。

⑤ 电容、电阻等元器件的检测。

⑥ 传感器等配件及塑胶件的内部探伤。

⑦ 电热管、锂电池、珍珠、精密器件等内部探伤。

⑧ 对检测产品整体及局部拍照。

⑨ 测量焊球大小、焊球间的间隔、空洞百分比。

⑩ 焊点各不良缺陷原因分析。

⑪ 出具检测报告。

（五）品质管理七大手法

品质管理简称品管。它的工作方式是 PDCA 循环，主要分为"计划、实施、检查、处理"四个阶段。PDCA 循环作为品管工作，发现、解决问题主要有"七大手法"，包括查核表、柏拉图法、特性要因图法、散布图法、直方图法、管制图法、层别法等。运用这些手法，可以从经常变化的生产过程中，系统地收集与产品有关的各种资料，并用统计方法对资料进行整理、加工和分析，进而画出各种图表资料指示，从中找出质量变化的规律，实现对质量的控制。

1. 查核表

查核表就是勾记型的图形或表格，使用它时只须登入检查记号和点数整理，可借以稽核和分析。查核表又可分为点检用查核表和记录用查核表。

点检用查核表：在设计时即已定义使用时，只做是非或选择的注记，其主要功用在于确认作业执行、设备仪器保养维护的实施状况或为预防事故发生，以确保使用时安全用。

记录用点检表：此类查核表是用来搜集计划资料，应用于不良原因和不良项目的记录，作法是将数据分类为数个项目别，以符号、划记或数字记录的表格或图形。

查核表的作用是当用于日常点检和工作场所的 5S 点检时，可对品检项目、设备安全、作业标准遵守情况的查检；当用于特别调查时可对品质不良、重点改善点的检查；当用于取得记录时是为便于报告、调查需取得记录，以利于统计分析等目的。

2. 柏拉图

柏拉图又称排列图。它是根据所搜集的数据，按发生数量大小的类型为序所编制的频次图形。一般柏拉图多加上累计比例的折线。具体点说柏拉图等于重点问题。柏拉图法提供了在没法面面俱到的状况下去抓重要的事情、关键的事情的方法，而这些重要的事情又不是靠直觉判断得来的，而是有资料依据来加强表示，柏拉图法可抓住重要事情。

柏拉图分析的步骤如下：

① 决定数据期间。

② 决定水平横轴，按发生数据由大到小、由左到右排定类型顺序。

③ 决定左右纵轴，依据最大频次和比例决定左、右纵轴的刻度。

④ 长条图绘制，在横轴上，将数据大小按左轴刻度画出长条图。

⑤ 折线图绘制，在横轴上，将各类数据占总数的累计比例，按右轴刻度画出图点，并用直线由左至右连接。

⑥ 附记事项，记入主题及相关数据。

3. 特性要因图

特性要因图是指当一个问题的特性受到一些要因的影响时，把这些要因予以整理，成为相互关系且有系统的图形，这个图形就称为特性要因图。其形状像鱼骨，又称鱼骨图。某项结果之形成，必定有原因，应设法利用图解法找出其因。

首先通过特性要因图分析能从紊乱问题中整理出头绪；其次是从问题成因中追究出主因；再次从问题主因中研讨出对策；最后能起到员工解决问题能力训练的目的。针对特性要因图这些原因有计划地加以强化，将会使工作更加得心应手。

4. 直方图

直方图又称柱状图，它是表示资料变化情况的一种主要工具。用直方图可以将杂乱无章的资料解析出规则性，比较直观地看出产品质量特性的分布状态，对于资料中心值或分布状况一目了然，便于判断其总体质量分布情况。在制作直方图时，牵涉科学的概念，首先要对资料进行分组，如何合理分组是其中的关键问题。按组距相等的原则进行的两个关键数位是分组数和组距。

直方图作用首先通过分析直方图形态中心趋势、离散趋势、分配形状可掌握制程全貌；其次可了解制程的稳定或异常；最后与规格比较可判断制程能力。

5. 散布图

散布图又叫相关图，它是将两个可能相关的变数资料用点画在坐标图上，判定成对的资料之间是否有相关性。这种成对的资料是特性—要因关系或者是特性—特性—要因—要因关系。通过对其观察分析，来判断两个变数之间的相关关系，这种方式在生产中也是常见的。

散布图作用与特性要因图相似，主要了解原因与结果关系是否有相关，相关的程度如何。根据散布图分布形态来判断对应数据之间的相互关系。

6. 管制图

管制图又称控制图。它是将"制程样组"和"质量特性"各置于横轴和纵轴的一种折线图。在管制图上（见图 2.65）有三条笔直的横线，中间的一条为中心线，一般以蓝色的实线绘制。在上方的一条称为管制上限，在下方的一条称为管制下限。对上、下管制界限之绘制，则一般用红色的虚线表现，以表示可接受的变异范围；至于实际产品品质特性的点的连线条则大都以黑色实线表现绘制。

管制图是一种有控制界限的图，用来区分引起的原因是偶然的还是系统的，可以提供系统原因存在的信息，从而判断生产处于受控状态。管制图按其用途可分为两类：一类是供

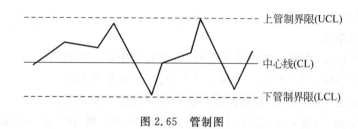

图 2.65　管制图

分析用的管制图,用于控制生产过程中有关质量特性值的变化情况,看工序是否处于稳定受控状态;另一类的管制图主要用于发现生产过程是否出现了异常情况,以预防生产不合格,通过分析管制图可判断是否出现异常警告。

7. 层别法

层别法是就某角度针对调查对象进行分类(分层),并收集各类数据用来相互比较。通过层别法分析,可减少不良产品,减少机械故障,可对销售额、费用进行分析,寻求解决问题的手段。层别法在于能把相当复杂的资料变得有层次,懂得如何把这些资料加以有系统有目的地分门别类地归纳及统计。

品管七大手法在分析解决问题时各有其适用范围,可归纳为查检收数据、管制防变异、直方显分布、柏拉抓重点、散布找相关、层别找差异、特性找要因。品管分析解决问题七大手法适用表如表 2.44 所示。

表 2.44　品管分析解决问题七大手法适用表

适用手法 分析问题步骤	查核表	柏拉图法	特性要因图法	散布图法	直方图法	管制图法	层别法
问题发掘	✓	✓	✓	✓	✓	✓	
问题确认	✓	✓			✓	✓	
问题界定	✓		✓	✓			
分析原因	✓	✓	✓	✓	✓	✓	✓
选择方案及对策	✓						
执行	✓						
追踪及潜在问题分析	✓	✓	✓	✓			

(六)《IPC—A—610E》标准—表面贴装面阵列检验

1. 对准

① 目标—1,2,3 级(见图 2.66)。条件为:BGA 焊料球位于焊盘中心,无偏移。

② 缺陷—1,2,3 级。表现为:焊料球偏移,违反最小电气间隙。

2. 焊料球间距

① 可接受—1,2,3 级(见图 2.67)。条件为:BGA 焊料球不违反最小电气间隙(C)。

② 缺陷—1,2,3 级。表现为:BGA 焊料球违反最小电气间隙(C)。

3. 焊接连接

① 目标—1,2,3 级。条件为:BGA 焊料球端子的尺寸和形状均匀一致。

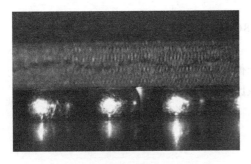

图 2.66　表面贴装面阵列：对准

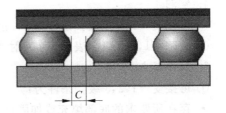

图 2.67　表面贴装面阵列：焊料球间距

② 可接受－1,2,3 级。条件为：无焊料桥连；BGA 焊料球接触并润湿焊盘,形成一个连续不断的椭圆形或柱形的连接。

③ 制程警示－2,3 级(见图 2.68)。表现为：BGA 焊料球端子的尺寸、形状、颜色和对比度不一致。

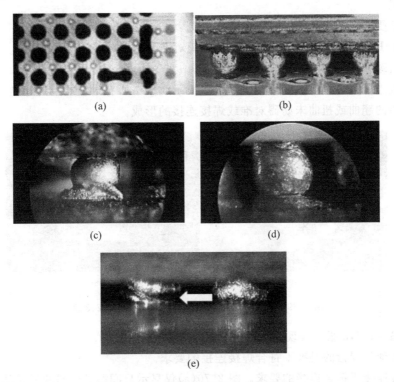

图 2.68　表面贴装面阵列：焊接连接

④ 缺陷－1,2,3 级。表现为：

• 目检或 X 射线图像可见焊料桥接,如图 2.68(a)所示。

• 呈现"腰形"焊接连接,表明焊料球与焊膏未一起再流,如图 2.68(b)所示。

• 对焊盘润湿不完全。

• BGA 焊料球端子中的焊膏再流不完全,如图 2.68(c)所示。

- 焊接破裂,如图 2.68(d)所示。
- 焊料球未被焊料润湿(枕窝),如图 2.68(e)箭头所指。

4. 空洞

① 可接受—1,2,3 级。条件为：X 射线影像区内任何焊料球的空洞等于或小于 25%。

② 缺陷—1,2,3 级。表现为：X 射线影像区内任何焊料球的空洞大于 25%。

5. 底部填充/加固

① 可接受—1,2,3 级。条件为：

- 存在所要求的底部填充或加固材料。
- 底部填充或加固材料完全固化。

② 缺陷—1,2,3 级。表现为：

- 要求底部填充或加固时,材料不足或不存在。
- 底部填充或加固材料出现在规定的范围以外。
- 底部填充或加固材料未完全固化。

6. 叠装

① 可接受—1,2,3 级(见图 2.69)。条件为：

- 如果 PCB 上有角标,元器件已和角标记对准。
- 焊料球和焊盘的对准符合对准的要求。
- 焊接连接符合连接的要求,并已再流,显示润湿了所有封装层上的焊盘。
- 封装的翘曲或扭曲未妨碍对准或焊接连接的形成。

(a)   (b)

图 2.69 表面贴装面阵列：叠装可接受—1,2,3 级

② 缺陷—1,2,3 级。表现为：

- 焊料球与焊盘的对准不符合焊接连接的要求。
- 焊接连接不符合连接的要求。图 2.70(a)仅显示只润湿了中间的焊料球。
- 焊料球缺失,如图 2.70(b)所示。
- 封装的翘曲或扭曲妨碍了对准或焊接连接的形成,如图 2.70(c)、图 2.70(d)所示。

五、问题探究

1. QC 七大手法有哪些？各有什么主要作用？

2. 目视检验需要哪些常用工具？

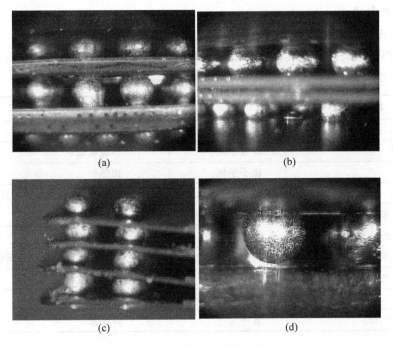

图 2.70　表面贴装面阵列：叠装缺陷－1,2,3 级

六、拓展训练

设计一个关于 5S 的检查表。

任务 2.4.2　SMT 返修

一、任务目标

- 能对典型元器件进行手工拆焊与返修。
- 能熟练使用 BGA 返修系统对不良品进行返修。

二、工作任务

对 HE6105 示波器水平放大电路板进行返修。

三、任务实施

任务引入：展示 HE6105 示波器水平放大电路板中存在的焊接缺陷,本任务为对
HE6105 示波器水平放大电路板进行返修。

通过学习相关知识,完成以下子任务。

子任务 1：识别返修工具和材料。

请思考：常用返修工具和材料有哪些?

子任务 2：使用返修台返修。

请思考：BGA 的返修流程? BGA 返修过程中需注意哪些?

四、相关知识

（一）常用返修设备与工具

SMT 常用返修材料、工具和设备如表 2.45 所示。

表 2.45　SMT 返修常用的材料、工具和设备

材料	工具和设备	
清洁剂	片式移动爪	放大镜
助焊剂	焊接手柄	恒温电烙铁
耐热带	镊子手柄	预热炉
刷子	热风束	真空手柄、真空吸锡工具
试纸和擦布	热风头	垫板
护脸装置	镊子	喷锡系统
含助焊剂的焊锡丝	拆卸头	与元件配套的套管和喷嘴
耐热并防静电的手套	凿子头	热风拔放台
酒精	热风管	（红外）热风返修台
吸锡编织带	宽平头	焊接系统

（二）返修工作台返修

利用返修工作台主要是对 QFP、BGA、PLCC 等元器件的焊接缺陷而手工无法进行返修时采用的方法，它通常采用热风加热法对元器件焊脚进行加热，但须配合相应喷嘴。较高级的返修工作台其加温区可以做出与回流炉相似的温度曲线。

1. BGA 返修流程

BGA 返修的基本流程如图 2.71 所示。

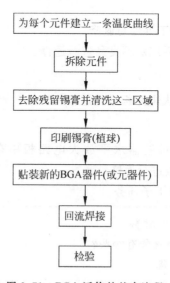

图 2.71　BGA 返修的基本流程

2. BGA 返修作业指导

BGA 返修作业指导如表 2.46 所示。

表 2.46　BGA 返修作业指导

作业名称	BGA 返修作业指导	型号	ERSAIR 550A	工时/s		总页		第页	
作业内容									

1. PBGA/CSP 器件的拆卸

(1) 依次打开 IR550A、DIG2000A、PL550A 等主机背后开关,打开电脑主机与显示器电源开关,打开 Irsofot。

(2) 在需要拆卸的 PBGA/CSP 器件底部施加助焊剂。

(3) 把电路板安装在返修系统平台上的导轨夹紧装置中。

(4) 设置或调用 PBGA/CSP 器件的拆焊温度曲线。

(5) 把激光定位装置的手臂摆进到工作位置,移动电路板使激光点打在需要拆卸的器件中心位置。

(6) 把顶部红外辐射加热器手臂摆进到工作位置,根基器件尺寸调节顶部红外辐射加热器窗口的尺寸。

(7) 压下真空吸管把 PBGA/CSP 器件吸住,拆卸工作自动开始。

(8) 当 PBGA/CSP 器件的焊点完全熔化为液态时,装有弹簧的吸管会自动把元件吸起来。

(9) 移开顶部红外辐射加热器手臂,按下真空吸管把器件放在器件托盘上。

(10) 把冷却风扇手臂摆进到工作位置,冷却电路板。

(11) 清理焊盘以便重新安装器件。

2. PBGA/CSP 器件的贴装焊接

(1) 在电路板的焊盘上印刷上一层薄薄的糊状助焊剂,并把电路板安放在返修系统平台上的导轨夹紧装置中。

(2) 用对位系统(PL550A)上的贴片头轻轻接触器件,真空自动打开吸起器件。

(3) 拉出光学对位装置至工作位置,在屏幕上同时显示 PBGA/CSP 器件焊球图形及电路板上的焊盘图形。

(4) 移动电路板并调整器件的旋转角度,使件的焊球图形和电路板图形对准重合。

(5) 把光学对位装置推回到支架中。

(6) 下降贴片头,待器件与电路板接触时,压力传感器使真空自动断开,器件贴放在电路板上。

(7) 电路板在返修系统平台的导轨上缓慢而平稳地移动到焊接位置。

(8) 把激光定位装置的手臂摆进到工作位置,移动电路板使激光点打在需焊接器件中心位置。

(9) 在计算机中设置或调用 PBGA/CSP 器件的焊接温度曲线。

(10) 把顶部红外辐射加热器手臂摆进到工作位置,根据器件尺寸调节加热器窗口的尺寸,并开始进行焊接。

(11) 用回流焊工艺摄像机观看 PBGA/CSP 器件的焊球,当焊球开始熔化的瞬间,按下校正按钮,对显示的温度曲线进行校正。

(12) 当温度达到峰值温度时,把加热器手臂移开,焊接过程结束。

(13) 把冷却风扇手臂摆进到工作位置,冷却电路板。

作业名称	BGA 返修作业指导	型号	ERSAIR 550A	工时/s		总页	第页

3. 注意事项

(1) 刚拆卸的器件的温度较高,不要立即拿取器件。

(2) 拿取器件及电路板要戴防静电环。

(3) 拆卸过的 BGA 都要进行植球。

(4) 拆卸过程电路板焊要进行整平处理。

(5) 热风返修工作台作业步骤与上述相似。

五、拓展训练

利用 AOI 设备对已焊接好的华阳电器制造有限公司漏电保护器主板 JLZ—11—200 产品进行检测,并返修。

项目3 波峰焊接

项目综述

在本项目中我们将学习贴片元器件和通孔元器件波峰焊接的知识与技能,最终完成 HE6105 示波器触发电路和电源电路的焊接,并对它们进行品质判定。项目分解为三个模块,它们是波峰焊接准备、波峰焊接参数设置、波峰焊接。项目采用 HE6105 示波器触发电路和电源电路为载体,波峰焊接设备以 SB—3JS 为例。通过本项目的学习,主要掌握红胶与固化炉的使用方法;掌握通孔元器件成形与插装方法;掌握波峰焊料和助焊剂的选用方法;能设置波峰焊接参数,熟练操作波峰焊设备对电路板进行焊接;能对产品进行质量管控。

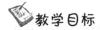

教学目标

最终目标	促成目标		
能对贴片元器件、通孔元器件进行波峰焊接及对焊接质量进行判定	能做好波峰焊接的相关准备工作	能进行波峰焊接的参数设置	能对贴片元器件、通孔元器件进行波峰焊接;能对常见波峰焊接缺陷进行分析及处理
工作任务	使用红胶固定贴片元器件,使用固化设备固化红胶;对通孔元器件进行成形和插装;选用波峰焊料、助焊剂	对元器件波峰焊接进行参数设置	编制波峰焊接工艺流程;对贴片元器件、通孔元器件进行波峰焊接;找出常见的波峰焊接缺陷原因,排除焊接故障
★★★	★★	★★★	★★★

模块 3.1 波峰焊接准备

通过本模块的学习你将能回答以下问题:

1. 红胶的作用是什么?
2. 如何用固化炉固化红胶?
3. 波峰焊接时助焊剂自动涂布的方法是什么?
4. 波峰焊接治具的作用是什么?
5. 波峰焊接中央支撑的作用是什么?

通过本模块的学习,我们将了解红胶和固化炉的作用及使用方法;掌握元器件弯曲成形和元件插装的要求;能描述焊料、助焊剂选用的原则;掌握波峰焊接时助焊剂自动涂布的方法;了解波峰焊治具的设计流程。

能力目标：能使用红胶对贴片元器件进行固定；能正确使用固化炉固化红胶并判断固化品质；能对元器件弯曲成形和插装；能对波峰焊接的助焊剂进行自动涂布；能调节助焊剂的涂布量；能使用中央支撑。

素质目标：培养安全、正确操作仪器的习惯；培养严谨的做事风格；培养协作意识。

任务 3.1.1　认识红胶与固化炉

一、任务目标

- 能熟悉红胶的作用，掌握红胶的使用方法。
- 能正确使用固化炉对红胶进行固化。

二、工作任务

- 固定贴片元器件，判定红胶固化品质。
- 操作固化炉固化红胶。

三、任务实施

任务引入：展示常用红胶与固化炉，如图 3.1、图 3.2 所示，本任务将介绍红胶与固化炉的作用。

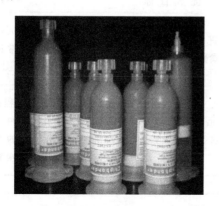

图 3.1　常用红胶　　　　　　　　图 3.2　固化炉

（一）认识红胶

通过学习相关知识，完成以下子任务。

子任务 1：认识红胶的作用。

请思考：红胶是什么样的？红胶是否适用于 SMT 元件的回流焊工艺？

子任务 2：认识红胶的组成。

请思考：红胶的主要成分是什么？不同成分的红胶的固化时间、固化温度和有效保质期一样吗？

子任务 3：认识红胶的基本特性。

请思考：红胶的基本特性是什么？是什么决定其基本特性？

（二）认识固化炉

请思考：为什么在波峰焊接工艺中使用红胶后需要用固化炉固化？

四、相关知识

红胶是一种聚稀化合物，与锡膏不同的是其受热后便固化，其凝固点温度为 150℃，这时，红胶开始由膏状体直接变成固体。

（一）红胶的作用

红胶即贴片胶，又称为黏合剂，它的作用是将 Chip、SOT、SOIC 等表面安装元器件固定在 PCB 上，使其在插件和过波峰焊接过程中避免元器件的脱落或移位。

（二）红胶的组成

1. 红胶的主要成分

常用红胶的主要成分为：基本树脂、固化剂和固化剂促进剂、增韧剂、填料等。

① 基本树脂。基本树脂是红胶的核心成分，一般是环氧树脂和聚炳烯类。

② 固化剂和固化剂促进剂。常用的固化剂和固化剂促进剂主要是双氰胺、咪唑类衍生物。

③ 增韧剂。增韧剂是为了弥补单纯的基本树脂固化后较脆这一缺陷而使用的。常用的增韧剂有邻苯二甲酸二丁脂、邻苯二甲酸二辛脂和聚硫橡胶等。

2. 红胶的成分类型

常用红胶主要有热固性的环氧树脂类和紫外线固化的炳烯酸脂类。

（1）环氧树脂类

环氧树脂类是目前用途最广泛的胶体，它属于热固、高黏度的类型，耐腐蚀的能力较强，但易脆裂，固化时间长、固化温度高。它有单组分和双组分两种，可以做成液体、膏剂、薄膜和粉剂等供使用。因它对皮肤会产生刺激，所以使用时必须注意，良好的通风条件必不可少。

（2）炳烯酸脂类

炳烯酸脂类是比较新型的红胶，它靠紫外线固化，固化时间很短，具有良好的工作性能。应用炳烯酸红胶时胶滴必须伸出 SMD 外，以防紫外线照射，引发聚合反应。为保证固化效果和缩短固化时间，一般采用紫外线和加热两种方式同时固化。需要注意的是，因为绝大多数的炳烯酸红胶是厌氧胶，所以为防止自然固化，不能盛装于密闭容器中。

红胶主要成分分类和特性如表 3.1 所示。

表 3.1 红胶主要成分分类和特性

组要成分	黏度/(Pa·s)	固化温度/时间	适合涂敷方式	有效保存期
环氧树脂	200	140℃/2.5min	点涂、印刷	20℃，3 个月
	500、300	130℃/15min	点涂、印刷	20℃，1.5 个月
丙烯树脂	5500	紫外线/10s 150℃/10s 以上	点涂	30℃，2 个月
变性丙烯酸醋	7500	紫外线/10s 150℃/1min	点涂	5～28℃，2 个月

续表

组要成分	黏度/(Pa·s)	固化温度/时间	适合涂敷方式	有效保存期
聚酯树脂类	1800	紫外线/10～15s 150℃/10s 以上	点涂	5～10℃,3 个月
	1700		点涂、印刷	5～10℃,6 个月
	1300		点涂	25℃,3 个月
变性环氧丙烯酸醋	500	紫外线/12～13s 150℃/1min	点涂、印刷	25℃,2 个月
	400	紫外线/10s 以上 140℃/10s 以上	点涂、印刷	20℃,1 个月

（三）保存条件

2～10℃(HX—T—250)红胶保存箱能为红胶提供最佳的恒温保存环境。

注意：红胶从冷藏环境中移出后，到达室温前不可打开使用。为避免污染原装产品，不得将任何使用过的贴片胶倒回原包装内。

（四）红胶的基本特征

① 包装内无杂质及气泡，存储期限长，无毒性。

② 胶点形状及体积一致，胶点断面高，无拉丝。

③ 颜色易识别，便于人工及自动化机器检查胶点的质量。

④ 具有较长的存储期和使用期。

⑤ 固化温度低，固化时间短，不吸水、不吸气。

⑥ 黏力强，即使无完全固化，在受到震动时，SMD 也不应该发生移动。

⑦ 弹性及高强度，可以抵挡波峰焊接的温度突变。

⑧ 胶的间隙由焊盘高出 PCB 阻焊层的高度和端头金属与组件厚度的差别决定。

⑨ 具有适当的热阻特性、很高的绝缘性、无腐蚀、无毒性要求。

⑩ 固化后电特性优良，有良好的返修特性。

（五）固化炉介绍

固化炉，实质是回流焊炉，它和回流焊炉在硬件上没有本质的差异，只是因为红胶和锡膏的特性不同，两种炉子的参数设定不同，实际炉内的温度曲线(Profile)不同而已。大部分公司不做区分，不同的制程调用相应的参数。在实验室或工厂的试生产车间中，也用温控烤箱来代替固化炉。标准的固化曲线如图 3.3 所示，这两条曲线间所包含的灰色部分就是实际生产中所使用的红胶固化温度曲线的工作窗口。

（六）固化炉的作用

一般我们以焊盘作为区分零件面和焊接面的主要标志，如图 3.4 所示。通孔元器件本体面为零件面；反面是通孔元器件的焊接面，也是贴片元件的本体面。

焊接面的贴片元器件在波峰焊接前用红胶将贴片元器件牢牢的贴在板子上，元器件才不会在焊接中掉落，这就是贴片元器件红胶制程的意义。固化炉的作用就是让红胶快速从液体状态转化为固体状态，从而提供足够的粘贴强度。

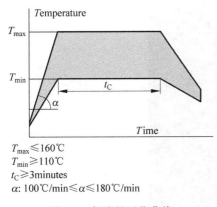

$T_{max} \leq 160℃$
$T_{min} \geq 110℃$
$t_C \geq 3minutes$
$α: 100℃/min \leq α \leq 180℃/min$

图 3.3 标准的固化曲线

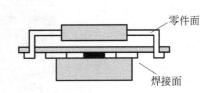

零件面

焊接面

图 3.4 PCB 板的零件面和焊接面分布图

五、问题探究

1. 课后查找红胶的资料,红胶应该如何储存?

2. 课后查找固化炉的资料,固化炉使用时需注意哪些要点?

六、拓展训练

使用红胶完成固化后的板子和使用回流焊完成的板子有什么区别?

任务 3.1.2 使用红胶与固化炉

一、任务目标

• 能正确使用红胶。

• 能操作固化炉固化红胶,按照《IPC—A—610E》相关工艺标准判定固化的品质。

二、工作任务

• 对 HE6105 示波器触发电路板的贴片元器件使用红胶。

• 操作固化炉固化红胶并判断红胶固化品质。

三、任务实施

任务引入:展示 HE6105 示波器触发电路板,如图 3.5 所示,上面安装有电阻、电容器、电感、二极管、三极管等常见贴片元器件。这些元器件在进行波峰焊接之前先要使用红胶并用固化炉固化。

(一)使用红胶

通过学习相关知识,完成以下子任务。

子任务 1:取用红胶。

请思考:红胶在使用前应该怎么储存?使用时,如何把红胶注入点胶瓶内?使用时如未用完,应该怎么处理?

子任务 2:涂敷红胶。

在 HE6105 示波器触发电路板上设定的焊盘位置涂敷红胶。

请思考:使用点胶机点胶的操作步骤是什么?

图 3.5　HE6105 示波器触发电路板

（二）使用固化炉

通过学习相关知识，完成以下子任务。

子任务 1：固化红胶。

HE6105 示波器触发电路板焊盘部位已涂敷好红胶，放置好元器件，把该电路板放入固化炉中，设置固化炉的炉温曲线，进行固化操作，结束后取出电路板。

请思考：如何操作固化炉固化红胶？怎样设置固化炉的温度曲线？

子任务 2：判断固化品质。

观察从固化炉中取出的 HE6105 示波器触发电路板上的元器件，判断固化品质并做分析。

请思考：常见的红胶固化不良品有什么故障特点？产生的原因是什么？如何改进和消除故障？

四．相关知识

（一）红胶的取用

使用红胶时，应根据"先进先出"的原则使用。应至少提前 4h 从冰箱中取出，并密封置于室温下。红胶不需要搅拌。胶水温度达到室温时，按一天的使用量把胶水用注胶枪分别注入点胶瓶内。应该在红胶完全脱泡情况下装入注胶枪内。使用时如未用完，需要放入专用的容器内保存，不能与新的红胶混在一起。

（二）涂敷红胶

使用点胶机进行点胶操作步骤：

① 打开电源开关、指示灯（110 伏电源）。

② 打开空压机，气压不低于 5kg，红胶气压表在 2～3kg 之间。

③ 红胶缸每次装胶大约七成满，胶体流量用微调开关控制，两种胶流量要相等。

④ 出胶时间与总动作时间根据工件黏合量调整秒数，转动大约 1 秒钟。

⑤ 按气缸开关、马达开关、出胶开关。

⑥ 脚踏板每踩一次点胶一次。

（三）红胶的管理

由于红胶随温度变化，本身黏度、流动性等特性会有较大变化，所以红胶要有规范的管理（尤其与温度相关的参数）。

① 红胶要有特定流水编号，根据进料数量、日期、种类来编号。

② 红胶要放在 2～8℃ 的冰箱中保存，防止由于温度变化影响特性。

③ 红胶要在室温下回温 4 小时，按"先进先出"的顺序使用。

④ 对于点胶作业，胶管红胶要脱泡，对于一次性未用完的红胶应放回冰箱保存，旧胶与新胶不能混用。

⑤ 要准确地填写回温记录表，回温人及回温时间，使用者需确认回温成功后方可使用。回温时间不足或已经过期的红胶不能使用。

（四）使用红胶时常出现的问题及解决方法

1. 元器件偏移

如图 3.6 所示，元器件发生偏移。

（1）造成元件偏移的原因

① 红胶胶黏剂涂覆量不足。

② 贴片机有不正常的冲击力。

③ 红胶胶黏剂湿强度低。

④ 涂覆后长时间放置。

⑤ 元器件形状不规则。

⑥ 元器件表面与胶黏剂的黏合性不协调。

（2）解决方法

① 调整红胶胶黏剂涂覆量。

② 降低贴片速度。

③ 大型元器件最后贴装。

④ 更换红胶胶黏剂。

⑤ 涂覆后 1 小时内完成贴片固化。

2. 元器件掉件

如图 3.7 所示，元器件发生掉件。

图 3.6 元器件偏移

图 3.7 元器件掉件

（1）造成元器件掉件的原因

① 固化强度不足或存在气泡。

② 红胶点胶施胶面积太小。

③ 施胶后放置过长时间才固化。

④ 使用 UV 固化时胶水被照射到的面积不够。

⑤ 大封装元器件上有脱模剂。

（2）解决方法

① 确认固化曲线是否正确及红胶黏胶剂的抗潮能力。

② 增加涂覆压力或延长涂覆时间。

③ 选择黏性有效时间较长的红胶胶黏剂或适当调整生产周期。

④ 涂覆后 1 小时内完成贴片固化。

⑤ 增加胶量或双点施行胶，使红胶胶液照射的面积增加。

⑥ 咨询元器件供应商或更换红胶黏胶剂。

3．红胶粘接度不足

如图 3.8 所示，红胶粘接度不足。

（1）造成红胶粘接度不足的原因

① 施红胶面积太小。

② 元器件表面塑料脱模剂未清除干净。

（2）解决方法

① 利用溶剂清洗脱模剂。

② 更换粘接强度更高的胶黏剂。

③ 在同一点上重复点胶。

④ 采用多点涂覆，提高间隙充填能力。

4．红胶固化后强度不足

如图 3.9 所示，红胶固化后强度不足。

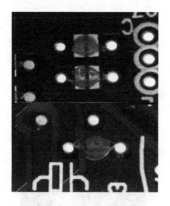

图 3.8　胶粘接度不足

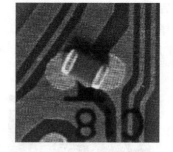

图 3.9　红胶固化后强度不足

（1）造成红胶固化后强度不足的原因

① 红胶胶黏剂热固化不充分。

② 红胶胶黏剂涂覆量不够。

③ 对元器件浸润性不好。

（2）解决方法

① 调高固化炉的设定温度。

② 更换灯管，同时保持反光罩的清洁，无任何油污。

③ 调整红胶胶黏剂涂覆量。

④ 咨询供应商。

5. 施红胶不稳定、粘接不到位

如图 3.10 所示，施红胶不稳定、粘接不到位。

图 3.10   施红胶不稳定、粘接不到位

（1）施红胶不稳定、粘接不到位的原因

① 冰箱中取出就立即使用。

② 涂覆温度不稳。

③ 涂覆压力低，时间短。

④ 注射筒内混入气泡。

⑤ 供气气源压力不稳。

⑥ 胶嘴堵塞。

⑦ 电路板定位不平。

⑧ 胶嘴磨损。

⑨ 胶点尺寸与针孔内径不匹配。

（2）解决方法

① 充分解冻后再使用。

② 检查温度控制装置。

③ 适当调整涂覆压力和时间。

④ 分装时采用离心脱泡装置。

⑤ 检查气源压力、过滤器、密封圈。

⑥ 清洗胶嘴。

⑦ 咨询电路板供应商。

⑧ 更换胶嘴。

⑨ 加大胶点尺寸或换用内径较小的胶嘴。

6. 红胶拖尾(拉丝)

如图 3.11 所示,红胶有拖尾现象。

图 3.11　红胶拖尾

(1) 造成红胶拖尾(拉丝)的原因

① 注射筒红胶的胶嘴内径太小。

② 红胶胶黏剂涂覆压力太高。

③ 注射筒红胶的胶嘴离 PCB 电路板间距太大。

④ 红胶胶黏剂过期或品质不佳。

⑤ 红胶胶黏剂粘度太高。

⑥ 红胶胶黏剂从冰箱中取出后立即使用。

⑦ 红胶胶黏剂涂覆温度不稳定。

⑧ 红胶胶黏剂涂覆量太多。

⑨ 红胶胶黏剂常温下保存时间过长。

(2) 解决方法

① 更换内径较大的胶嘴。

② 调低红胶胶黏剂的涂覆压力。

③ 缩小注射筒红胶胶嘴与 PCB 电路板的间距。

④ 选择"止动"高度合适的胶嘴。

⑤ 检查红胶胶黏剂是否过期及储存温度。

⑥ 选择黏度较低的红胶胶黏剂。

⑦ 红胶胶黏剂充分解冻后再使用。

⑧ 检查温度控制装置。

⑨ 调整红胶胶黏剂涂覆量。

⑩ 使用解冻的冷藏保存品红胶。

7. 红胶空洞或者红胶凹陷

(1) 造成红胶空洞或者红胶凹陷的原因

① 注射筒内壁有固化的红胶胶黏剂。

② 注射筒内壁有异物或气泡。

③ 注射筒胶嘴不清洁。

(2) 解决方法

① 更换注射筒或将其清洗干净。

② 排除注射筒内的气泡。

③ 使用针筒式小封装。

8. 红胶漏胶

(1) 造成红胶漏胶的原因

① 红胶胶黏剂内混入气泡。

② 红胶胶黏剂混有杂质。

（2）解决方法

① 高速脱泡处理。

② 使用针筒式小封装。

9．红胶胶嘴堵塞

（1）造成红胶胶嘴堵塞的原因

① 不相容的红胶胶水交叉污染。

② 针孔内未完全清洁干净。

③ 针孔内残胶有厌氧固化的现象发生。

④ 红胶胶黏剂微粒尺寸不均匀。

（2）解决方法

① 更换胶嘴或清洁胶嘴针孔及密封圈。

② 清洗胶嘴，注意勿将固化残胶挤入胶嘴（如每管胶的开头和结尾）。

③ 不使用黄铜或铜质的点胶嘴（丙烯酸脂胶黏剂在本质上都有厌氧固化的特性）。

④ 选用微粒尺寸均匀的红胶胶黏剂。

（五）固化炉的操作步骤

① 将电路板推入工作室中并关闭烘箱门。

② 开启总电源开关。

③ 启动鼓风按钮，检查风机转向与标识箭头方向是否相符。

④ 设置程序调节器的程序及超温报警温度。

⑤ 根据工艺要求选择手动或自动排风。

⑥ 开启加热开关，加热指示灯随着加热与否而亮灭。

⑦ 程序执行完毕，自动停止加热。

⑧ 切断加热开关，关闭鼓风。

⑨ 不使用时，切断总电源。

五、问题探究

观看红胶与固化炉的视频，总结使用红胶与固化炉的要点。

六、拓展训练

针对功放电路板（如图 3.12 所示），使用红胶对其贴片元器件进行粘贴，并用固化炉固化。

图 3.12　功放电路板

任务 3.1.3　元器件成形与插装

一、任务目标

- 能对元器件引脚弯曲成形。
- 能根据不同元器件的要求插装元器件。

二、工作任务

- 将元器件弯曲成形。
- 插装元器件。

三、任务实施

任务引入：展示一个 HE6105 示波器电源电路板及相关元器件，本任务将元器件成形，并进行插装。

通过学习相关知识，完成以下子任务：

> 子任务 1：弯曲成形元器件。
>
> 弯曲成形 HE6105 示波器电源电路所用的通孔元器件。
>
> **请思考**：元器件引线弯曲成形的要求是什么？元器件引线弯曲成形的方法是什么？
>
> 子任务 2：插装元器件。
>
> 插装 HE6105 示波器电源电路所用的通孔元器件。
>
> **请思考**：插装不同类型的元器件分别有什么要求？插装时需要注意哪些事项？

四、相关知识

元器件成形与插装注意事项：

① 一般无特殊要求时，只要位置允许，采用贴板安装。

② 安装时应注意元器件字符标记方向一致，以便容易读取。

③ 安装时不要用手直接触碰元器件引线和印制板上铜箔。

④ 为了固定插装后可对引线进行折弯处理。

⑤ 晶体管安装。一般而言，以悬空插装最为普遍。引线不能留得太长，以保持晶体管的稳定性。对于大功率自带散热片的塑封晶体管，为提高其使用功率，往往需要再加一块散热板。

⑥ 集成电路插装。弄清引出线的排列顺序后，再插入电路板。在插装集成电路时，不能用力过猛，以防止弄断或弄偏引线。

⑦ 变压器、电解电容器、磁棒插装。插装小型变压器时，将固定脚插入印制电路板的相应孔位内，并进行锡焊。插装电源变压器时则要采用螺钉固定。电解电容器的插装，一般采用弹性夹固定。磁棒的插装，一般采用塑料支架加以固定。

五、问题探究

1. 以 6 位学生为一小组，课后查资料，寻找不同元器件的成形及插装方法和注意事项，下节课以小组为单位汇报成果。

2. 在工厂生产过程中，是先进行贴传元器件的红胶制程，还是先进行通孔元件的成形与插装？

3. 贴片元器件的红胶制程和通孔元件的成形、插装都完成后，是否可以立即进行焊接？是否有设备可以代替手工焊接进行自动焊接？

六、拓展训练

可根据自身条件买一组自己感兴趣的小制作板，并对电路板中通孔元器件进行成形及插装。

任务 3.1.4　选用波峰焊料和助焊剂

一、任务目标

• 能正确选用波峰焊料和助焊剂。
• 能熟练操作助焊剂自动涂布机。

二、工作任务

• 选用波峰焊料和助焊剂。
• 操作助焊剂自动涂布机涂布。

三、任务实施

任务引入：展示多种波峰焊料和助焊剂，让学生从生产成本角度出发，选出最合适的焊料和助焊剂，并能进行自动涂布。

（一）选择波峰焊料

通过学习相关知识，完成以下子任务。

> 子任务 1：认识焊料的分类。
> **请思考**：焊料是什么样的？波峰焊料的分类有哪些？不同分类焊料的应用场合是什么？
> 子任务 2：选择波峰焊料。
> **请思考**：针对 HE6105 示波器触发电路、电源电路，选择合适的波峰焊料。

（二）选择助焊剂

通过学习相关知识，完成以下子任务。

> 子任务 1：认识助焊剂的作用。
> **请思考**：助焊剂是什么样的？为什么在波峰焊工艺中需要使用助焊剂？
> 子任务 2：认识助焊剂的分类。
> **请思考**：助焊剂的分类有哪些？不同分类助焊剂的应用场合是什么？
> 子任务 3：选择助焊剂。
> **请思考**：针对 HE6105 示波器触发电路、电源电路，选择合适的助焊剂。

（三）操作自动涂布机涂布

子任务：助焊剂自动涂布。

请思考：助焊剂涂布工序是什么？如何使用 X/Y 机械手对 HE6105 示波器触发电路、电源电路的 PCB 板进行助焊剂的喷涂？

难点：操作涂布机。

四、相关知识

（一）波峰焊料

焊料是波峰焊接的主要材料及影响焊点质量的关键因素。焊料可以分为有铅波峰焊料和无铅波峰焊料。有铅波峰焊料一般采用 Sn63/Pb37 棒状共晶焊料，熔点 183℃。无铅 Sn—Ag—Cu 或 Sn—Cu 焊料，高可靠性产品可采用 Sn—Ag—Cu 焊料，一般消费类、简单产品可采用 Sn—Cu 焊料。

（二）波峰焊料的选择

在选择波峰焊接用的无铅焊料时，要考虑以下几个因素：

① 焊料溶点适中，能保证在 260℃ 以下实现大批量生产。

② 尽可能低的价格。

③ 焊接缺陷少。

表 3.2 所列的是有铅焊料和无铅焊料比较，表 3.3 所列的是波峰焊中常用焊料的性能比较。

表 3.2 有铅焊料和无铅焊料比较

项　目	传统焊料	无铅焊料	主要影响
成分	Sn63/Pb37	Sn—3.0Ag—0.5Cu	锡缸寿命
工作温度/℃	245	255	
润湿时间/s	0.6	1.2	可焊性与可靠性
焊后冷却速度要求/(℃/s)	4.0	6.8	
对元器件的冲击	中	高	元器件可靠性
市场价格	US＄3.8/kg	US＄13.97/kg	成本

表 3.3 波峰焊中常用焊料的性能比较

焊料合金组成	电阻率	延伸率	剪切强度	铺展面积
Sn—3.0Ag—0.5Cu	0.151 4	34.2	20.8	88.4
Sn—0.3Ag—0.7Cu	0.142 2	34.1	20.2	120.6
Sn—0.7Cu	0.140 9	48	19.9	103.8

（三）助焊剂

1. 作用

在整个焊接的过程中，助焊剂的作用可以归纳为以下几点，如图 3.13 所示。

① 浸润金属表面。在焊接过程中，无论是手工焊接还是自动化焊接，助焊剂都是最先接触被焊元器件（回流焊接助焊剂和焊料是同时印刷到焊盘上的）。此时，助焊剂会和元器件脚和焊盘发生浸润现象，为后续的各项功能做最基础的物理准备。

② 辅助热传递。由于助焊剂的物理状态（液态或膏状），分布在元器件脚和焊盘周围，

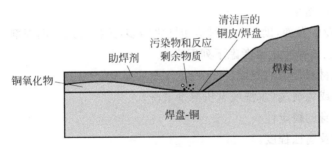

图 3.13　助焊剂的作用

在温度上升的过程中,可以更均匀地传递热量,使得元器件脚和焊盘的焊接部分的受热更加均匀。

③ 清洁被焊接的元器件脚和焊盘。由于各种原因,元器件脚和焊盘在焊接前不是清洁的状态,助焊剂会对这些焊接部位起到清洁的作用。

④ 去除焊接面和焊料本身的氧化物。在清洁焊接部位的同时,助焊剂会和焊接面上的金属氧化物发生化学反应,还原金属氧化物,可以保证焊接的可靠性。这是助焊剂最主要的功能之一。同时,在一个比较高的温度下,助焊剂的化学活性会增强。

⑤ 清除化学反应后的剩余物。被助焊剂清洁下来的污染物和化学反应后的剩余物,会在助焊剂的帮助下,在焊接的同时,被焊料推到不需要焊接的地方。

⑥ 降低焊料的表面张力。在清洁焊盘的同时,助焊剂中的化学成分可以有效地降低元器件脚、焊盘和焊料之间的表面张力。

⑦ 协助焊料铺满元器件脚和焊盘。由于表明张力被降低,熔融的焊料可以更加容易地铺满整个焊盘,并爬升到元器件脚的一定高度,可以有效地增加焊点的电气特性机械强度,这是助焊剂的第二个重要作用。

⑧ 防止焊点再次氧化。由于焊接时物理/化学反应是在较高的温度下进行的,如果没有助焊剂的保护和还原作用,焊点很容易在空气中氧元素的作用下再次氧化,这是助焊剂的第三个重要作用。

2. 助焊剂的分类

助焊剂通常按成分和活性强弱分类。按成份通常分为无机系列和有机系列。有机系列又可分为松香型和非松香型。

① 无机系列:主要由无机酸和无机盐组成,有很强的活性,腐蚀性大,挥发气体对元器件有破坏作用,焊后必须清洗,电子行业一般禁止使用。

② 有机系列:主要由有机酸、有机胺盐、卤素化合物等组成。焊锡作用及腐蚀性中等,大部分为水溶性,无法用一般溶剂清洗。

③ 树脂系列:主要由松香、松香加活性剂、松香系列合成树脂加活性剂、消光剂等组成。松香在室温中高绝缘的特性及中性的残留,是助焊剂的最理想物质,但是活性差,为提高其活性,往往加入少量有机酸、有机胺类等活性物质。

实际上,随着电子行业对焊接质量的要求提高,化工行业已将有机系列与树脂系列综合起来调配,以满足不同的焊接要求。

（四）助焊剂的选择

随着电子行业的发展，助焊剂的种类也随之增多，选择合适的助焊剂对于保证生产和产品质量非常重要。选择时主要考虑下列因素：

① 被焊金属材料及清洁程度。

② 焊后清洗或免清洗（水洗或有机溶剂清洗）。

③ 助焊剂本身的稳定性。

④ 绝缘阻抗及腐蚀程度。

⑤ 消光型或光亮型。

⑥ 比重使用范围。

⑦ 对环境卫生的影响等。

（五）助焊剂自动涂布

在选择性焊接中，助焊剂的自动涂布工序起着重要的作用。焊接加热与焊接结束时，助焊剂应有足够的活性防止桥接的产生并防止 PCB 产生氧化。助焊剂自动涂布由 X/Y 机械手携带 PCB 通过助焊剂喷嘴上方，助焊剂喷涂到 PCB 待焊位置上。

助焊剂具有单嘴喷雾式、微孔喷射式、同步式多点/图形喷雾多种方式。最重要的是焊剂准确喷涂。微孔喷射式绝对不会弄污焊点之外的区域。微点喷涂最小焊剂点图形直径大于 2mm，所以喷涂沉积在 PCB 上的焊剂位置精度为 ±0.5mm，才能保证焊剂始终覆盖在被焊部位上面。喷涂焊剂量的公差由供应商提供，技术说明书应规定焊剂使用量，通常建议 100% 的安全公差范围。

五、问题探究

产品样图如图 3.14 所示，制程条件如下：

• Sn99.3Cu0.7。

• PCB：30×12，厚度 $t=1.6$。

以 6 位学生为一小组，课后针对以上制程条件及产品样图从生产成本角度出发，从 Sn3.0Ag0.5Cu、Sn3.0Ag0.7Cu、Sn0.7Cu(Ni) 等焊料中选出适合图 3.14 所示电路板的焊料和助焊剂，下节课以小组为单位汇报成果。

同时，请思考：有了焊料和助焊剂，是否就可以直接进行全自动波峰焊接？

图 3.14 产品样图

六、拓展训练

对上个拓展训练中的小制作板,选择合适的焊料和助焊剂。

任务 3.1.5　波峰焊治具的设计、中央支撑的使用

一、任务目标

* 了解治具设计过程。
* 正确使用波峰焊治具和中央支撑。

二、工作任务

* 观看治具设计过程。
* 使用波峰焊治具和中央支撑。

三、任务实施

任务引入:分别展示 HE6105 示波器触发电路、电源电路和相应的中央支撑。本任务要求学生了解波峰焊治具的设计,并正确使用波峰焊治具、中央支撑。

(一)波峰焊治具

通过学习相关知识,完成以下子任务。

> 子任务 1:认识波峰焊治具。
> **请思考**:波峰焊治具在波峰焊中起什么作用? 如何挑选波峰焊治具基板? 治具制作加工需要经过哪些流程?
> 子任务 2:使用波峰焊治具。
> **请思考**:如何合理安装波峰焊治具? 安装时需要注意哪些方面? 使用时有哪些注意事项?

(二)中央支撑

通过学习相关知识,完成以下子任务。

> 子任务:使用中央支撑。
> **请思考**:为什么要使用中央支撑? 如果没有中央支撑,板子是否可以直接通过波峰焊炉? 如何使用中央支撑?

四、相关知识

(一)波峰焊治具

波峰焊治具又称波峰炉治具,是针对 PCB 板过波峰焊时有些部件需要保护或者通过治具起到辅助定位插件的作用所设计的一种治具。

① 波峰焊治具的作用:避免金手指或接触孔因人工接触而受到污染;将底端元器件覆盖住,使之能通过标准的焊接设备做局部焊接防止弯曲;将生产线宽度标准化,增加生产效率,统一产品品质;防止溢锡污染基板表面。

② 波峰焊治具基板及原材料的选择。由于波峰焊接的波峰温度一般在 260±5℃(无铅

焊接),焊接时间 3.5s,所以治具的基板必须能够耐高温。目前采用的玻纤耐高温可以达到 300℃,国产合成石耐高温可达 350℃,进口合成石耐高温可达到 380℃,石无铅耐高温可达到 360℃,钛合金耐高温可以达到 550℃。

波峰焊治具在使用过程中除了耐高温,还能承受助焊剂、清洗剂的腐蚀,玻纤、合成石、钛合金均具有很高的耐腐蚀性。

③ 治具制作加工流程。治具制作一般经过 7 个加工流程,如图 3.15 所示。

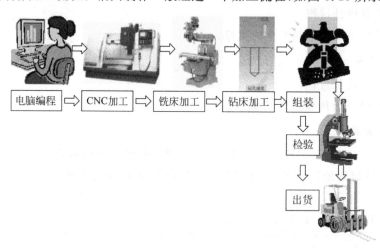

图 3.15　治具制作加工流程

(二)波峰焊治具的使用

① 治具底板铣凹槽深度 1.6mm,如果 PCB 板厚度小于 1.6mm,则压扣位置需相应锡圆弧状或者圆面凹槽,保证压扣平面与 PCB 板上面在同一平面。如果 PCB 板厚度超过 1.6mm,通过上提压扣压紧 PCB 板,如图 3.16 所示。

图 3.16　波峰焊治具安装图

② 压扣使用 M4 平头不锈钢螺母从下往上锁,沉头与地面齐平,压扣上使用防滑螺母锁合,防滑螺母的顶端需与螺丝顶端齐平或者螺丝高于螺母。

③ 非功能需要保留的锐角都需倒角或者 0.5×45°。

④ 需要从地板上面往下面锁螺丝时需加工成合适的盲孔,不能加工成通孔,以免形成锡尖。

⑤ 压板上压块、压帽中心尽量对准所压元件中心。

⑥ 边框的横板与竖板结合处不能有间隙≤0.3mm。

⑦ 同一批治具使用螺丝须规格一致。

⑧ 卡扣数量和弹簧弹力配合,在保证完全压平 PCB 的前提下,尽量减少用量,同时兼顾作业时手感轻松程度。

⑨ 常规过炉治具的 PCB 安放面(吃锡面)到底板底面的高度统一为 3.4mm,也就是 PCB 厚度为 1.6mm 时,PCB 上表面与治具底板上表面平齐,尺寸公差在 0.1mm 以内。

⑩ 导向边条、边框横板、边框竖板与底板主体装配的方式必须如图 3.17 所示。导向玻纤边条厚度 2mm、宽度 23mm,伸出部分 8mm,之所以伸出 8mm 是由于治具在过炉时,铁链伸出部分是 8mm,前端活动部分是 5mm,这样治具在过炉时边条可以顺着铁链完成过炉,不会出现错位。

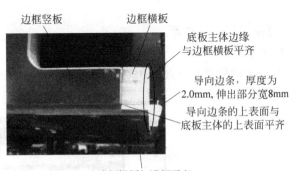

图 3.17　装配方式

⑪ 边框竖板设压件治具导向结构,以引导和定位压件治具,并加工一个取压件治具槽,以便拆分过锡炉载板治具和压件治具,如图 3.18 所示。图中,$a=8$mm,$b=8$mm,$\alpha=15°$,两端形状迥异,更易区别和操作。

⑫ 治具端部分隔柱为 $40×50×10$ 的方块,如图 3.19 所示,通过分割柱的使用使治具在过炉时相互有段距离便于散热,避免治具卡壳后烧毁 PCB 板。

(三)波峰焊治具使用的注意事项

① 在波峰焊治具接触到波峰之前,必须在预热单元对其进行加热。

② 轻拿轻放,避免人为碰撞损坏保护壁或其他配件,建议专人管理。

③ 竖立存放,避免治具累叠过高至中下层治具变形,建议货架存放。

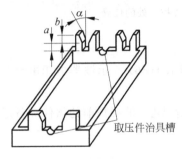

图 3.18　治具导向结构

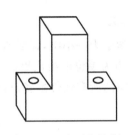

图 3.19　分隔柱结构

④ 避免治具接触强酸强碱以延长治具的寿命,建议中性焊剂。

⑤ 忌讳酒精,避免用酒精和含酒精的清洗剂洗治具,建议用皂化剂。

⑥ 防震运输,避免车间内部运输过程震动损伤治具,建议用防震车。

⑦ 波峰焊治具在通过波峰焊时彼此之间需要一段距离,避免彼此之间碰撞和受热均匀。

⑧ 使用无铅焊锡的情况下一定要使用能够在无铅环境下使用的过炉治具,避免材料的不当使用。

（四）波峰焊治具的保养

① 波峰焊治具在使用完后最好用超声波清洗机加入清水清洗,也可用一般的中性清洗液清洗。尽量避免用强酸或强碱溶液清洗,因合成石对酒精敏感,故绝对不能用酒精清洗合成石治具。

② 定期紧固螺丝,更换损坏的压扣等。

（五）使用中央支撑的原因

如果没有中央支撑,板子的宽度尺寸超过 125mm 后,在波峰焊中会产生如图 3.20 所示的变形。

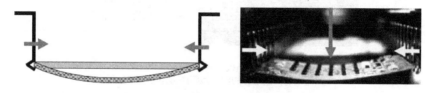

图 3.20　未使用中央支撑而产生的变形

（六）中央支撑

中央支撑在波峰焊所处的位置是在锡缸上、助焊剂口,如图 3.21 所示。

(a) 在锡缸上　　　　　(b) 在助焊剂口

图 3.21　中央支撑所处的位置

五、问题探究

1. 以 6 位学生为一小组,课后查资料,提出 HE6105 示波器电源电路板治具的设计方案,下节课以小组为单位汇报成果。

2. 波峰焊前的所有硬件准备已经完成,请思考:波峰焊前的软件准备还有哪些?

六、拓展训练

对上一个任务拓展训练中的小制作板,完成一份治具的设计方案。

模块 3.2　波峰焊接参数设置

通过本模块的学习你将能够回答以下问题:

1. 波峰焊接温度曲线的四个组成部分是什么?

2. 波峰焊接参数设置的流程是什么?

通过本模块的学习,我们将了解波峰焊接的原理;掌握波峰焊接的温度曲线;掌握通孔元器件波峰焊接参数设置的流程。

能力目标:能分析波峰焊接的温度曲线;能对通孔元器件波峰焊接进行参数设置。

素质目标:培养安全、正确操作设备的习惯;培养严谨的做事风格;培养协作意识。

任务 3.2.1　分析波峰焊接温度曲线

一、任务目标

- 能正确分析波峰焊接温度曲线。
- 能正确判断波峰焊质量缺陷。
- 能解决焊接缺陷。

二、工作任务

- 分析波峰焊接温度曲线。
- 判断波峰焊接质量缺陷。
- 解决焊接缺陷。

三、任务实施

任务引入:展示一张理想的波峰焊接温度曲线。本任务要求对波峰焊接温度曲线进行分析,并讨论典型不良品波峰焊接温度曲线,解决焊接缺陷。

(一)波峰焊接温度曲线

通过学习相关知识,分析波峰焊接温度曲线。

请思考:波峰焊接温度曲线由哪几部分组成? 每段曲线的作用是什么?

(二)判定波峰焊接质量及解决焊接缺陷

通过学习相关知识,完成以下子任务。

子任务1:找出电路板上存在的波峰焊接质量缺陷。

请思考:找出给定 PCB 板上存在的波峰焊接质量有哪些缺陷? 缺陷原因是什么? 记录在表3.4中。

子任务2:提出解决方案。

请思考:针对上述提出的质量缺陷,提出解决方案,并记录在表3.4中。

表 3.4 波峰焊质量缺陷记录表

序号	元器名	缺陷名称	缺陷原因	解决方案
1				
2				
3				
4				
5				
6				
7				

四、相关知识

（一）波峰焊接温度曲线

波峰焊接温度曲线是指 PCB 上各点温度平均值随时间变化的关系曲线图，如图 3.22 所示。该曲线主要由四部分组成。

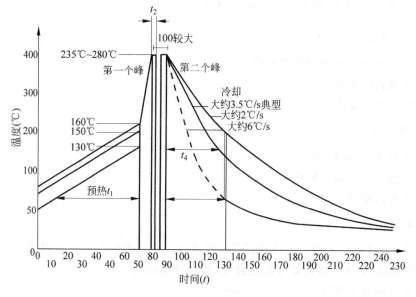

图 3.22 波峰焊接温度曲线

1. 预热段

t_1 为预热时间，正常情况下为 $60\sim120s$；PCB 到锡锅前的预热温度最高要控制在 $110\pm5℃$，因为如果温度太高，板子上的电解电容会失效（电解电容中的电解液为硼酸，硼酸的沸点为 $120℃$）。适当的温度可以减小焊接时 PCB 组件的温差，也有助于激发助焊剂的活性。

2. 第一波峰段

t_2 为第一波峰时间，正常情况下为 $1\sim2s$；使熔融焊料与 PCB 及元器件接触，润湿焊接面。

3. 第二波峰段

t_3 为第二波峰时间,正常情况下为 3.5～5s;用来滤除多余的焊料,防止焊接缺陷的发生。

4. 冷却段

t_4 为冷却时间,焊接后冷却速度要控制在 3.5～6℃/s 左右,保证形成合格焊点。

(二)波峰焊质量缺陷及解决方案

1. 拉尖

原因:传送速度不当,预热温度低,锡锅温度低。助焊剂活性不够(比重不对,酸值过小)。

解决方案:调整传送速度到合适为止,调整预热温度,调整锡锅温度。

2. 虚焊

原因:元器件引线可焊性差,预热温度低,传送速度过快,锡锅温度低。

解决方案:解决引线可焊性,调整预热温度,调整传送速度,调整锡锅温度。

3. 锡薄

原因:焊剂涂布不匀,传送速度过快,锡锅温度高。

解决方案:检查预涂焊剂装置,调整传送速度,调整锡锅温度。

五、问题探究

以 6 位学生为一小组,课后查资料,完成老师给出的三张不良品的波峰焊接温度曲线的分析,提出解决方案,下节课以小组为单位汇报成果。

六、拓展训练

课后寻找一些典型的不良品波峰焊接温度曲线,完成解决方案。

任务 3.2.2　波峰焊接参数设置

一、任务目标

正确设置波峰焊参数。

二、工作任务

设置波峰焊参数。

三、任务实施

任务引入:分别展示 HE6105 示波器触发电路、电源电路板,本任务将介绍如何设置波峰焊接参数。

通过学习相关知识,完成以下子任务。

子任务 1:熟悉波峰焊接参数设置流程。

请思考:波峰焊接参数设置流程是什么?

子任务 2:设置波峰焊接参数。

请思考:对于 HE6105 示波器电源电路板,需要设置哪些参数? 波峰焊接每道参数设置流程需要使用什么工具? 量测的方法是什么? 判断参数设置的方法是什么?

四、相关知识

波峰焊接参数设置流程为：助焊剂液面槽高度——助焊剂发泡气压——助焊剂发泡高度——助焊剂发泡高度水平——风刀气压——助焊槽锡面水平——助焊槽锡面高度——助焊槽锡波高度——焊锡槽回流速度——输送速度——助焊剂密度——第一段预热温度——第二段预热温度——预热温度检验——锡波温度——焊锡角度——焊锡性检验——最佳焊锡参数确定。

波峰焊炉参数设置如表3.5如示。

表3.5 波峰焊炉参数设置

<table>
<tr><td colspan="7" align="center">参数设置</td></tr>
<tr><td colspan="2" align="center">操作程序</td><td align="center">使用工具</td><td align="center">量测方法</td><td align="center">判断方法</td><td align="center">设置范围</td><td align="center">说明</td></tr>
<tr><td rowspan="4">助焊剂</td><td>助焊剂槽液面高度</td><td>标示尺</td><td>在标示尺30mm的位置作记号，再将标示尺插入助焊剂槽，量测其液面高度</td><td>确认助焊剂槽液面调试是否淹没发泡管并高出30mm以上</td><td>不得低于30mm</td><td>越高越佳，可减少FLUX与空气接触面积</td></tr>
<tr><td>发泡气压</td><td>气压控制钮</td><td>旋转气压控制钮，控制气压大小</td><td>观看压力表，确认气压是否设置为2kg/cm²</td><td>2kg/cm²</td><td>气压大小会影响助焊剂发泡高度</td></tr>
<tr><td>发泡高度</td><td>标示尺</td><td>在标示尺8mm及10mm位置作记号后，再将标示尺置于助焊剂喷出处，量测发泡高度</td><td>确认助焊剂之发泡高度是否介于8～10mm</td><td>8～10mm</td><td>一般高度为8～10mm</td></tr>
<tr><td>发泡高度水平</td><td>高温玻璃</td><td>以透明高温玻璃通过助焊剂喷出位置</td><td>确认助焊剂黏附于高温玻璃底面宽度是否均匀</td><td>一般助焊剂喷口宽度在60～70mm</td><td>发泡高度不水平，会造成助焊剂黏附基板不均匀</td></tr>
<tr><td>风刀</td><td>气压</td><td>气压控制钮</td><td>旋转气压控制钮，控制气压大小</td><td>观看压力表，确认气压是否设置为2kg/cm²</td><td>2kg/cm²</td><td>风刀压力大小会残留太多助焊剂于PCB</td></tr>
<tr><td rowspan="2">焊锡槽</td><td>锡面水平</td><td>高温玻璃</td><td>以透明高温玻璃通过平面波及扰流波喷出位置</td><td>确认锡黏附于高温玻璃底面宽度是否均匀</td><td>锡波宽度以厂牌之规格为依据</td><td>锡波若无水平易使PCB吃锡不均匀</td></tr>
<tr><td>锡面高度</td><td>标示尺</td><td>在标示尺10mm及20mm位置作记号后，再将标示尺插入焊锡槽，量测锡面高度</td><td>确认焊锡槽锡面与喷锡口高度差是否介于10～20mm</td><td>10～20mm</td><td>锡面高度与喷锡口高度差太大会使锡易氧化</td></tr>
</table>

参数设置					
操作程序	使用工具	量测方法	判断方法	设置范围	说明
焊锡槽	锡波高度	标示尺	在标示尺 5mm 及 6mm 位置作记号后,再将标示尺置于喷锡位置,量测锡波高度	确认锡波高度是否介于 5～6mm 之间	5～6mm	一般高度为 5～6mm

五、问题探究

以 6 位学生为一小组,课后查资料,总结波峰焊接参数设置的注意事项,下节课以小组为单位汇报成果?

六、拓展训练

对上个拓展训练中的小制作板,进行波峰焊接参数的设置。

模块 3.3　波 峰 焊 接

通过本模块的学习你将能够回答以下问题:

1. 波峰焊接工艺流程、操作步骤是什么?

2.《IPC—A—610E》与波峰焊接相关的工艺标准主要有哪些?

通过本模块的学习我们将掌握波峰焊接工艺流程的编制;掌握波峰焊炉的操作步骤;掌握通孔元件波峰焊接质量判定的方法。

能力目标:能理解波峰焊接的工作流程;能操作波峰焊炉;能准确量测、管控与优化通孔元件波峰焊接的各个参数。

素质目标:培养安全、正确操作设备的习惯;培养严谨的做事风格;培养协作意识。

任务 3.3.1　波峰焊接工艺流程及操作步骤

一、任务目标

• 能正确编制波峰焊接工艺流程。

• 能正确编制波峰焊接操作步骤。

二、工作任务

• 编制波峰焊接工艺流程。

• 编制波峰焊接操作步骤。

三、任务实施

任务引入:分别展示 HE6105 示波器触发电路板和电源电路板,本任务将介绍如何编制波峰焊接工艺流程及操作步骤。

通过学习相关知识,完成以下子任务。

> **子任务 1**:编制波峰焊接工艺流程。
> **请思考**:波峰焊接工艺流程是怎样的?每道流程的作用是什么?
> **子任务 2**:编制波峰焊接操作步骤。
> **请思考**:波峰焊接有哪些操作步骤?每个步骤需要注意什么?

四、相关知识

(一)波峰焊接工艺流程

焊接前的准备——开波峰焊机——设置焊接参数——首件焊接并检验——连续焊接生产——送修板检验。

(二)波峰焊接操作步骤

1. 焊接前的准备

① 检查待焊 PCB 后,附元器件插孔的焊接面及金手指等部位是否涂好阻焊剂或用耐高温胶带粘贴住,以防波峰焊接后插孔被焊料堵塞。若有较大尺寸的槽和孔,也应用耐高温胶带贴住,以防波峰焊接时焊锡流到 PCB 的上表面。(水溶性助焊剂应采用液体阻焊剂,涂敷后放置 30min 或在烘灯下烘 15min 再插装元器件,焊接后可直接水清洗。)

② 用比重计测量助焊剂的比重,若比重偏大,用稀释剂稀释。

③ 将助焊剂倒入助焊剂槽。

2. 开炉

① 打开波峰焊机和排风机电源。

② 根据 PCB 宽度调整波峰焊机传送带(或夹具)的宽度。

3. 设置焊接参数

① 发泡风量或助焊剂喷射压力:根据助焊剂接触 PCB 底面的情况确定,使助焊剂均匀地涂覆到 PCB 底面。还可以从 PCB 上表面的通孔处观察,应有少量助焊剂从通孔中向上渗透到通孔顶面的焊盘上,但不要渗透到元件体上。

② 预热温度:根据波峰焊机预热区的实际情况设定(PCB 下表面温度一般在 90~115℃,在产品过炉前,必须使用测温板实际测量预热段的温度曲线,看是否符合上边的要求,对于特殊的产品,如汽车产品/医疗产品,在某些情况下需要使用热电偶量测板子上表面的温度,板子上表面温度必须控制在 90℃以下)。

③ 传送带温度:根据不同的波峰焊机和待焊接 PCB 的情况设定(一般为 0.8~1.92m/min)。

④ 焊锡温度:必须是喷上来的实际波峰温度为 250±5℃时的表头显示温度。由于温度传感器在锡锅内,因此表头或液晶显示的温度比波峰的实际温度高约 5~10℃。在过炉前需要使用专用点温计量测锡波的温度,确保温度在 260±3℃的范围内。

⑤ 测波峰高度:将波峰高度调到超过 PCB 底面,PCB 厚度的 1/3~1/2 处。

4. 首件焊接并检验(待所有焊接参数达到设定值后进行)

① 用自动上板机,或人工把 PCB 轻轻放在传送带(或夹具)上,机器自动完成喷涂助焊剂、干燥、预热、波峰焊、冷却等操作。

② 在波峰焊出口处接住 PCB。

③ 按照《IPC—A—610E》标准进行首件焊接质量检验。

根据首件焊接结果调整焊接参数,直到质量符合要求后才能进行连续批量生产。

5．连续焊接生产

① 方法同首件焊接。

② 下板机自动卸板,或人工在波峰焊出口处接住 PCB,检查后将 PCB 装入防静电周转箱送修板后附工序(或直接送连线式清洗机进行清洗)。

③ 连续焊接过程中根据产品的具体情况,定时或按抽样规则进行抽检,或每块印制板都进行检查,有严重焊接缺陷的印制板,应立即重复焊接一遍。若重复焊接后还存在问题,应检查原因,对工艺参数做相应调整后才能继续焊接。

6．检验

(1) 双面板金属化孔通孔元器件优良焊点的条件

① 外观条件。

- 焊盘和引脚周围全部被焊料润湿。
- 焊料量适中,避免过多或过少。
- 焊点表面应完整、连续平滑。
- 无针孔和空洞。
- 焊料在插孔中 100％填充。
- 元件引脚的轮廓清晰可辨别。

② 内部条件。

- 优良的焊点必须形成适当的 IMC 金属间化合物(结合层)。
- 没有开裂和裂纹。

(2) 检验方法

目视或用 2～5 倍放大镜或 3.5～20 倍显微镜观察(根据组装密度选择)。

(3) 检验标准

- 焊接点表面应完整、连续平滑、焊料量适中,无大气孔、砂眼。
- 焊点的润湿性好,呈弯月形状,插装元件的润湿角 θ 应小于 $90°$,以 $15°～45°$ 为最好。
- 双面板通孔元件焊料在插装孔中 100％填充,至少应达到 75％以上。
- 漏焊、虚焊和桥接等缺陷应降至最少。
- 焊接后贴片元器件无损坏、无丢失,端头电极无脱落。
- 双面板时,要求通几元器件的元件面上锡好(包括元件引脚和金属化孔)。
- 焊接后印制板表面允许有微小变色,但不允许严重变色,不允许阻焊膜起泡和脱落。

7．关机

① 关掉锡锅加热电源。

② 关闭助焊剂喷雾系统。旋下喷嘴螺帽,并放入酒精杯内浸泡。

③ 温度降到 150℃以下时关掉设备总电源。

④ 擦净工作台上残留的助焊剂,清扫地面。

⑤ 关掉总电源。

五、问题探究

以 6 位学生为一小组,课后查资料,对 HE6105 示波器触发电路板和电源电路板进行波峰焊接工艺流程及操作步骤的编制。

六、拓展训练

对上个拓展训练中的小制作板,进行波峰焊接工艺流程及操作步骤的编制。

任务 3.3.2　波峰焊接质量控制

一、任务目标

对焊接的质量进行判定。

二、工作任务

运用《IPC—A—610E》标准对焊接的质量进行判定。

三、任务实施

任务引入:展示已焊接好的 HE6105 示波器触发电路板和电源电路板,本任务将介绍如何运用《IPC—A—610E》标准对焊接的质量进行判定。

通过学习相关知识,完成以下子任务。

子任务 1:认识合格焊点、优良焊点。

请思考:合格焊点的要求是什么?优良焊点的外观条件是什么?

子任务 2:焊接质量的目测判定。

请思考:常见的不合格焊点有哪些?可以大致分成哪几类?

子任务 3:记录不合格焊点。

通过目测焊接好的 HE6105 示波器触发电路板和电源电路板,将不合格焊点元器件名称及不合格现象记录到表 3.6 中。

表 3.6　不合格焊点记录表

不合格焊点	元器件名称	现象
1		
2		
3		
4		
5		
6		
7		
8		

四、相关知识

(一)《IPC—A—610E》标准

1. 非支撑孔焊接:引脚/导线弯折

① 目标—1,2,3 级(见图 3.23)。条件为:引脚末端与板面平行,沿着与焊盘相连的导

体的方向弯折。

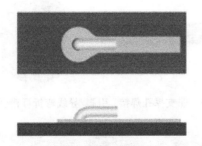

图 3.23 非支撑孔焊接：引脚/导线弯折目标－1,2,3级

② 可接受－1,2,3级（见图 3.24）。条件为：

• 弯折的引脚不违反与非相同电位导体间的最小电气间隙(C）。

• 引脚伸出焊盘的长度(L）不大于类似直插允许的长度。

• 引脚伸出焊盘的长度在表 3.7 规定的最小与最大值(L）之间，只要不违反最小电气间隙。

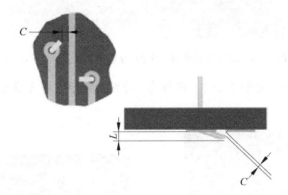

图 3.24 非支撑孔焊接：引脚/导线弯折可接受－1,2,3级

表 3.7 非支撑孔引脚伸出长度

	1级	2级	3级
最小(L）	焊料中引脚末端可辨识		足够弯折
最大(L）	无短路危险		

③ 可接受－3级（见图 3.25）。条件为：非支撑孔内的引脚弯折至少 45°。

④ 缺陷－1,2,3级（见图 3.26）。表现为：

• 引脚朝向非相同电位导体弯折并违反最小电气间隙(C）。

• 如果要求，引脚伸出不够做弯折的长度。

⑤ 缺陷－3级。表现为：非支撑孔内的引脚弯折至少 45°。

2. 非支撑孔焊接

有元件引脚的非支撑孔焊接如图 3.27 所示。

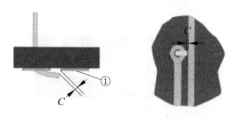

图 3.25　非支撑孔焊接：引脚/导线弯折可接受－3 级

图 3.26　非支撑孔焊接：引脚/导线弯折缺陷－1,2,3 级

　　① 可接受－1,2 级(见图 3.28)。条件为：焊料的润湿与填充满足表 3.8 的要求，实物焊接如图 3.29 所示。

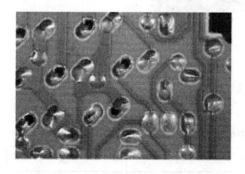

图 3.27　有元件引脚的非支撑孔焊接

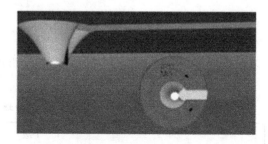

图 3.28　非支撑孔焊接可接受－1,2 级

表 3.8　有元件引脚的非支撑孔，最低可接受条件[3]

要求	1 级	2 级	3 级
A. 引脚和焊盘的填充润湿[1]	270°	270°	330°
B. 焊盘面积被湿润的焊接覆盖的百分比[2]	75％	75％	75％

注 1：对于 3 级，引脚的弯折部分要被润湿。
注 2：焊锡不需要盖住或覆盖通孔。
注 3：两面都有功能焊盘的双面板都同时符合 A 与 B。

② 可接受－3级（见图 3.30）。条件为：

- 引脚弯折区域润湿良好。

- 至少 330°的填充与润湿。

图 3.29　实物焊接

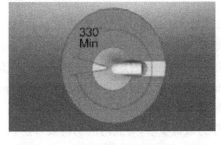

图 3.30　非支撑孔焊接可接受－3级

图 3.31　实物焊接

实物焊接如图 3.31 所示。

3. 支撑孔焊接：导线/引脚伸出

引脚伸出（见表 3.9）不应该允许违反最小电气间隙的可能性存在，或由于引脚被碰撞而损伤焊点，或在后续操作中刺穿静电防护包装。

注：高频情况时要对元器件引脚的长度有更加严格的控制以免影响产品的设计功能。

表 3.9　支撑孔引脚伸出长度

	1级	2级	3级
最小（L）	焊料中的引脚末端可辨识		
最大（L）	无短路危险	2.5mm[0.0984in]	1.5mm[0.0591in]

注：对于厚度超过 2.3mm[0.0960in]的印制板，元件的引脚长度又预先确定无法改变时，如：双列直插（DIP）件、插座、连接器，允许引脚末端在焊点内不可见。

① 可接受－1,2,3级（见图 3.32）。条件为：引脚伸出盘的长度在表 3.7 规定的最小与最大值（L）内，只要没有违反最小电气间隙的危险。

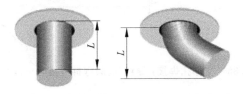

图 3.32　支撑孔焊接：导线/引脚伸出可接受－1,2,3级

② 缺陷－1,2,3级（见图 3.33）。表现为：

- 引脚伸出不符合表 3.9 的要求。

- 引脚伸出违反最小电气间隙。

- 引脚伸出超过最大的设计高度要求。

图 3.33　支撑孔焊接：导线/引脚伸出缺陷－1,2,3 级

4. 支撑孔焊接：导线/引脚弯折

通孔焊点中的元件引脚可以采用直插，部分弯折或全弯折的结构。弯折应该足以提供焊接过程中的机械固定。可随意选择与任何导体相对的弯折方向。DIP 引脚应该从元器件的长轴向两边弯。回火的引脚和大于 1.3mm[0.050mm]的引脚不应该弯曲也不应该进行以安装为目的的成形。

作为最低要求，焊点内的引脚要可辨认。引脚由盘表面垂直测得的长度，要满足表 3.9 的要求且不影响电气间隙要求。

适用于有弯折要求的端子，其他要求可能标注在相应的技术规范或图纸中。用于固定的部分弯折引脚可当作无弯折引脚，并须满足伸出要求。

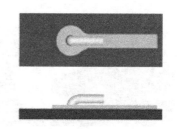

图 3.34　支撑孔焊接：导线/引脚弯折目标－1,2,3 级

① 目标－1,2,3 级（见图 3.34）。条件为：引脚末端与板面平行，沿着与焊盘相连的导线的方向弯折。

② 可接受－1,2,3 级（见图 3.35）。条件为：

- 弯折的引脚不违反与非相同电位导体间的最小电气间隙(C)。
- 伸出焊盘的长度(L)不大于类似的直插引脚的长度，见图 3.35 和表 3.9。

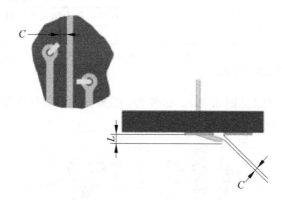

图 3.35　支撑孔焊接：导线/引脚弯折可接受－1,2,3 级

③ 缺陷－1,2,3 级（见图 3.36）。表现为：引脚朝向非相同电位的导体弯折并违反最小电气间隙(C)，实物如图 3.37 所示。

5. 支撑孔焊接

① 目标－1,2,3 级（见图 3.38）。条件为：

- 无空缺区域或表面瑕疵。
- 引脚和焊盘润湿良好。

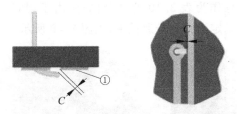

图 3.36　支撑孔焊接：导线/引脚弯折缺陷—1,2,3 级

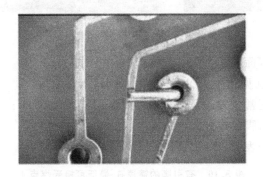

图 3.37　非相同电位导线实物

- 引脚可辨识。
- 引脚周围 100％有焊料填充。
- 焊料覆盖引脚,呈羽状外延在焊盘或导体上形成薄薄的边缘。
- 无填充起翘的迹象。

图 3.38　支撑孔焊接目标—1,2,3 级

② 可接受—1,2,3 级(见图 3.39)。条件为：焊料内引脚形状可辨识。

图 3.39　支撑孔焊接可接受—1,2,3 级

③ 可接受—1 级和制程警示—2,3 级。条件为：

- 填充表面外凸，并且作为表 3.10 的一个例外，由于焊料过多致使引脚形状不可辨识，只要在主面可确定引脚位于通孔中，如图 3.40 所示。

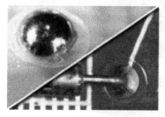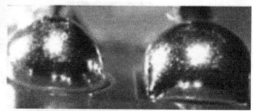

图 3.40 填充表面外凸

- 填充在主面从焊面翘起，但无焊盘损伤。

④ 缺陷－1,2,3 级（见图 3.41）。表现为：

- 由于引脚弯离正常位置导致引脚不可辨识。
- 焊料没有润湿引脚或焊盘。
- 焊料覆盖不符合表 3.10 或表 3.11。

表 3.10 有引脚的镀通孔-最低可接受焊点 1

要　　求	1 级	2 级	3 级
A. 焊料的垂直填充 2、3	无规定	75％	75％
B. 主面（焊接终止面）的引脚和孔壁的润湿	无规定	180°	270°
C. 主面（焊接终止面）的焊盘被润湿的焊料覆盖的百分比	0	0	0
D. 辅面（焊接起始面）的引脚和孔壁的填充和润湿	270°	270°	330°
E. 辅面（焊接起始面）的焊盘被润湿的焊料覆盖百分比	75％	75％	75％

注 1：润湿的焊料指焊接过程中施加的焊料。

注 2：25％的未填充高度包括起始面和终止面的焊料下陷。

注 3：2 级的垂直填充，可小于 75％。

表 3.11 有引脚的镀通孔-侵入式焊接工艺-最低可接受焊点 1

要　　求	1 级	2 级	3 级
A. 焊料的垂直填充 2、3	无规定	75％	75％
B. 焊接终止面的引脚和孔壁的润湿	无规定	180°	270°
C. 焊接终止面的焊盘被润湿的焊料覆盖的百分比	0	0	0
D. 焊接起始面的引脚和孔壁的填润湿	270°	270°	330°
E. 焊接起始面的焊盘被润湿的焊料覆盖百分比	75％	75％	75％

注 1：润湿的焊料指焊接过程中施加的焊料。

注 2：25％的未填充高度包括起始面和终止面的焊料下陷。

注 3：2 级的垂直填充，可小于 75％。

注 4：适用于任何施加锡膏的面。

⑤ 缺陷－1,2,3 级。表现为：焊点不符合表 3.10 或表 3.11。

6. 支撑孔焊接：垂直填充（A）

支撑孔焊接：垂直填充示意图如图 3.42 所示。

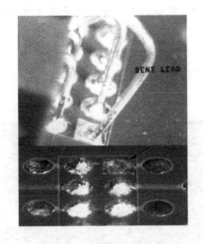

图 3.41　缺陷－1,2,3 级

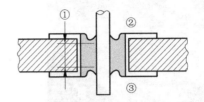

图 3.42　支撑孔焊接：垂直填充示意图

注：

① 垂直填充满足表 3.10 的要求。

② 焊接终止面。

③ 接起始面。

① 目标－1,2,3(见图 3.43)。条件为：有一个 100％填充。

② 可接受－1,2,3 级(见图 3.44)。条件为：最少 75％填充。允许包括主面和辅面一起最多 25％的下陷。

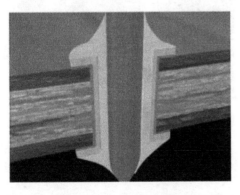

图 3.43　支撑孔焊接：垂直填充目标－1,2,3

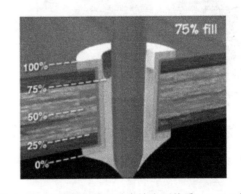

图 3.44　支撑孔焊接：垂直填充可接受－1,2,3 级

③ 缺陷－2,3 级。表现为：孔的垂直填充少于 75％。

④ 无规定－1 级、可接受－2 级和缺陷－3 级。表现为：

作为表 3.10 或表 3.11 填充要求的一个例外，2 级产品允许镀通孔的垂直填充为 50％，只要满足以下条件：

• 镀通孔连接到散热层或起散热作用的导体层。

• 元件引脚在图 3.45 所示的 B 面焊点内可辨识。

• 在图 3.45 所示的 B 面，焊料填充 360°润湿镀孔内壁和引脚的周围。

• 周围的镀通孔满足表 3.10 或表 3.11 的要求。

注：某些应用中不接受100％以下的焊料填充,例如：热冲击。用户有责任向制造商说明这些情况。

7. 支撑孔焊接：主面—引脚到孔壁(B)

① 目标—1,2,3级(见图3.46)。条件为：引脚和孔壁呈现360°的湿润。

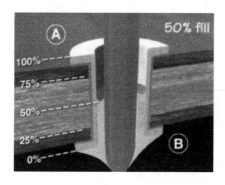

图3.45　支撑孔焊接：垂直填充量示意图　　图3.46　支撑孔焊接：主面—引脚到孔壁目标—1,2,3级

② 未规定—1级和可接受—2级。条件为：引脚和孔壁呈现最少180°的湿润,如图3.47所示。

③ 可接受—3级。条件为：引脚和孔壁呈现最少270°的湿润,如图3.48所示。

④ 缺陷—2级。表现为：引脚和孔壁润湿小于180°,如图3.49所示。

⑤ 缺陷—3级。表现为：引脚和孔壁润湿小于270°,如图3.50所示。

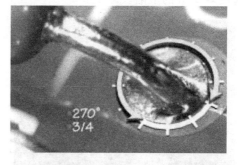

图3.47　引脚和孔壁呈现最少180°的湿润　　图3.48　引脚和孔壁呈现最少270°的湿润

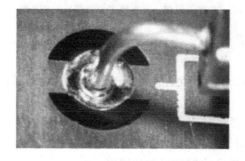

图3.49　引脚和孔壁润湿小于180°　　　　图3.50　引脚和孔壁润湿小于270°

8. 支撑孔焊接：主面—焊盘区覆盖(C)

可接受—1,2,3级(见图3.51)。条件为：

• 主面的焊盘区不需要焊料湿润。

图3.51　支撑孔焊接：主面—焊盘区覆盖可接受—1,2,3级

9. 支撑孔焊接：辅面—引脚到孔壁(D)

① 可接受—1,2,3级(见图3.52)。条件为：最少270°填充和湿润(引脚、孔壁和端子区域)。

图3.52　支撑孔焊接：辅面—引脚到孔壁可接受—1,2,3级

② 可接受—3级。条件为：最少330°填充和湿润(引脚、孔壁和端子区域)。

③ 缺陷—1,2,3级。表现为：不满足表3.10或表3.11的要求。

10. 支撑孔焊接：辅面区覆盖(E)

① 目标—1,2,3级(见图3.53)。条件为：辅面焊盘被完全覆盖。

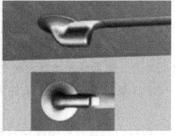

图3.53　支撑孔焊接：辅面区覆盖目标—1,2,3级

② 可接受—1,2,3级(见图3.54)。条件为：辅面的焊盘被湿润的焊料覆盖至少75％。

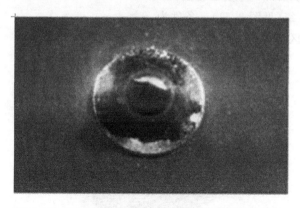

图3.54　支撑孔焊接：辅面区覆盖可接受—1,2,3级

③ 缺陷—1,2,3级。表现为：不满足表3.10或表3.11的要求。

11. 支撑孔焊接：焊点—引脚弯曲处的焊料

① 可接受—1,2,3级(见图3.55)。条件为：引脚弯曲部位的焊料不接触原件体，实物如图3.56所示。

图3.55　支撑孔焊接：焊点—引脚弯曲处的焊料可接受—1,2,3级

图3.56　焊接实物

② 缺陷—1,2,3级(见图3.57)。表现为：引脚弯曲部位的焊料接触元件体或端子密封处。

12. 支撑孔焊接：焊点陷入焊料内的弯月面绝缘层

① 目标—1,2,3级(见图3.58)。条件为：弯月面绝缘层与焊点之间有1.2mm[0.048in]的距离。

支撑孔陷入焊料内的弯月面绝缘层示意图如图3.59所示。

图 3.57　支撑孔焊接：焊点—引脚弯曲处的焊料缺陷—1,2,3 级

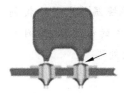

图 3.58　支撑孔焊接：焊点陷入焊料内的弯月面绝缘层目标—1,2,3 级

图 3.59　支撑孔陷入焊料内的弯月面绝缘层示意图

注：

① 1 级。

② 2、3 级。

② 可接受—1 级。条件为：有弯月面绝缘层的元件满足以下条件可允许弯月面绝缘层陷入焊料内：辅面有 360°的润湿；辅面的焊点内看不到引脚的绝缘层。

③ 可接受—2,3 级。条件为：弯月面绝缘层没有进入镀通孔，且弯月面绝缘层与焊点之间有可辨识的间隙。

④ 制程警示—2 级。表现为：弯月面绝缘层进到镀通孔内，但焊点满足表 3.10 或表 3.11 的要求。

⑤ 缺陷—1,2,3 级。表现为：辅面没有呈现良好的湿润。

⑥ 缺陷—3 级（见图 3.60）。表现为：

• 不满足表 3.10 或表 3.11 的要求。

• 弯月面绝缘层进到镀通孔内。

• 弯月面绝缘层埋入焊点中。

图 3.60　支撑孔焊接：焊点陷入焊料内的弯月面绝缘层缺陷－3 级

注：

某些应用中，元件上的弯月面绝缘层要求严格控制，以确保元件在完全就位的情况下，引脚上的弯月面绝缘层不会进入组件的镀通孔中（例如：高频应用，很薄的 PCB 等）。

（二）常见波峰焊接缺陷分析及处理

1. 焊料不足

（1）现象

焊点干瘪、不完整、有空洞，焊料未爬到元件面的焊盘上，如图 3.61 所示。

（2）产生原因

- PCB 预热和焊接温度过高，使焊料的黏度过低。
- 插装孔的孔径过大，焊料从孔中流出。
- 金属化孔质量差或阻焊剂流入孔中。
- PCB 爬坡角度偏小，不利于焊剂排气。

（3）对策

- 预热温度 90～130℃，元件较多时取上限，锡波温度 250±5℃，焊接时间 3～5s。
- 焊盘尺寸与引脚直径应匹配。
- 反映给 PCB 加工厂，提高加工质量。
- PCB 的爬坡角度为 3～7℃。

2. 焊料过多

（1）现象

元件焊端和引脚有过多的焊料包围，润湿角大于 90°，如图 3.62 所示。

图 3.61　焊料不足

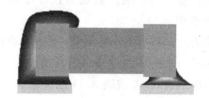

图 3.62　焊料过多

（2）产生原因

- 焊接温度过低或传送带速度过快,使熔融焊料的黏度过大。
- PCB 预热温度过低,焊接时元件与 PCB 吸热,使实际焊接温度降低。
- 助焊剂的活性差或比重过小。
- 焊盘或引脚可焊性差,不能充分浸润,产生的气泡裹在焊点中。
- 焊料中锡的比例减少,或焊料中杂质 Cu 的成分高,使焊料黏度增加、流动性变差。
- 焊料残渣太多。

（3）对策

- 锡波温度 250±5℃,焊接时间 3～5s。
- 根据 PCB 尺寸、板层、元件多少、有无贴装元件等设置预热温度,PCB 底面温度在 90～130℃。
- 更换焊剂或调整适当的比例。
- 提高 PCB 板的加工质量,元器件先到先用,不要存放在潮湿的环境中。
- 锡的比例小于 61.4% 时,可适量添加一些纯锡,杂质过高时应更换焊料。
- 每天结束工作时应清理残渣。

3. **焊点桥接短路**

（1）现象

焊点桥接是波峰焊常见缺陷之一,是指相邻两个焊点连接在一起,如图 3.63 所示。

（2）产生原因

- PCB 设计不合理,焊盘间距过窄。
- 插装元件引脚不规则或插装歪斜,焊接前引脚之间已经接近或已经碰上。

图 3.63　焊点桥接

- PCB 预热温度过低,焊接时元件与 PCB 吸热,使实际焊接温度降低。
- 焊接温度过低或传送带速度过快,使熔融焊料的黏度降低。
- 阻焊剂活性差。

（3）对策

- 按照 PCB 设计规范进行设计,两个端头 Chip 元件的长轴应尽量与焊接时 PCB 运行方向垂直,SOT、SOP 的长轴应与 PCB 运行方向平行,将 SOP 最后一个引脚的焊盘加宽(设计一个窃锡焊盘)。
- 根据 PCB 尺寸、板层、元件的多少、有无贴装元件等设置预热温度,PCB 底面温度在 90～130℃。
- 锡波温度 250±5℃,焊接时间 3～5s。温度略低时,传送带速度应调慢些。
- 更换助焊剂。

4. **润湿不良、漏焊、虚焊**

（1）现象

锡料未全面或者没有均匀包覆在被焊物表面,使焊接物表面金属裸露,如图 3.64 所示。

润湿不良在焊接作业中是不能被接受的,它严重地降低了焊点的"耐久性"和"延伸性",同时也降低了焊点的"导电性"和"导热性"。

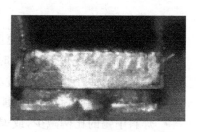

图 3.64　润湿不良

（2）产生原因

- 元件焊端、引脚、印制板基板的焊盘氧化或污染,或 PCB 受潮。
- Chip 元件端头金属电极附着力差或采用单层电极,在焊接温度下产生脱帽现象。
- PCB 设计不合理,波峰焊接时阴影效应造成漏焊。
- PCB 翘曲,使 PCB 翘起位置与波峰焊接触不良。
- 传送带两侧不平行（尤其使用 PCB 传输架时）,使 PCB 与波峰接触不平行。
- 波峰不平滑,波峰两侧高度不平行,尤其电磁泵波峰焊机的锡波喷口,如果被氧化物堵塞时,会使波峰出现锯齿形,容易造成漏焊、虚焊。
- 助焊剂活性差,造成润湿不良。
- PCB 预热温度过高,使助焊剂碳化,失去活性,造成润湿不良。

（3）对策

- 元器件先到先用,不要储存在潮湿的环境中,不要超过规定的使用日期。对 PCB 进行清洗和去潮处理。
- 波峰焊应选择三层端头结构的贴片元器件,元器件本体和焊端能经受两次以上的 260℃ 波峰焊的温度冲击。
- SMD/SMC 采用波峰焊时元器件布局和排布方向应遵循较小元件在前和尽量避免互相遮挡原则。另外,还可以适当加长元件搭接后剩余焊盘长度。
- PCB 板翘曲度小于 0.8%～1.0%。
- 调整波峰焊机及传输带或 PCB 传输架的横向水平。
- 清理波峰喷嘴。
- 更换助焊剂。
- 设置恰当的预热温度。

5. 锡球

（1）现象

锡球大多发生在 PCB 表面,因为焊料本身内聚力的因素,使这些焊料颗粒的外观呈球状,如图 3.65 所示。

（2）产生原因

- PCB 预热不够,导致表面的助焊剂未干。
- 助焊剂的配方中含水分过高。
- 工厂环境湿度过高。

（3）对策

- 更换助焊剂。
- 提高预热温度。

6. 焊点有气孔、针孔

(1) 现象

针孔是焊点上发现一小孔；气孔是焊点上的较大孔，可看到内部，如图 3.66 所示。

图 3.65　锡球

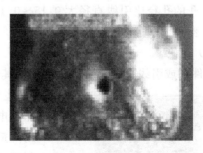

图 3.66　焊点气孔

(2) 产生原因

- 基板零件脚可能产生气体而造成针孔或气孔。
- 使用较便宜的基板材料，则容易吸收湿气，湿气在焊锡过程中受到高热蒸发出来而造成针孔及气孔。
- 使用大量光亮剂电镀时，光亮剂与金属同时沉积，遇到高温则挥发而造成针孔及气孔。

(3) 对策

- 使用基板前，将其放在烤箱(120℃)中烤 2h。
- 改用含光亮剂较少的电镀液。

7. 焊点拉尖

(1) 现象

所谓焊点拉尖是指焊点顶部如冰柱状，如图 3.67 所示。

(2) 产生原因

- PCB 预热温度过低，使 PCB 与元器件温度偏低，焊接时元器件与 PCB 吸热。
- 焊接温度过低或传送带速度过快，使熔融焊料的黏度过大。
- 波峰焊机的波峰高度太高或引脚过长，使引脚底部不能与波峰接触。因为电磁泵波峰焊机是空心波，厚度为 4～5mm。

图 3.67　焊点拉尖

- 助焊剂活性差。
- 焊接元器件引线直径与插装孔比例不正确，插装孔过大，大焊盘吸热量大。

(3) 对策

- 根据 PCB、板层、元件多少、有无贴装元件等设置预热温度，预热温度在 90～130℃。
- 锡波温度为 250±5℃，焊接时间 3～5s。温度略低时，传送带速度应调慢一些。

- 波峰高度一般控制在 PCB 厚度的 2/3 处。插装元件引脚成形要求引脚露出 PCB 焊接面 0.8～3mm。
- 换助焊剂。
- 孔的孔径比引线直径大 0.15～0.4mm（细引线取下限，粗引线取上限）。

8. 空焊

（1）现象

零件脚或引线脚与锡垫间没有锡或其他因素造成没有接合，如图 3.68 所示。

图 3.68　空焊

（2）产生原因
- 印制电路板氧化，受污染。
- 助焊剂喷雾不正常。
- 焊锡波不正常，有扰流现象。
- 预热温度太高。
- 焊锡时间太短。

（3）对策
- 清洗印制电路板。
- 调整波峰焊机的助焊剂比重。
- 调整波峰焊机各参数设置。

9．其他缺陷

（1）板面脏污

主要由于助焊剂固体含量高、涂敷量过多、预热温度过高或过低，或由于传送带爪太脏、焊料锅中氧化物及锡渣过多等原因造成的。

（2）PCB 变形

一般发生在大尺寸 PCB，由于大尺寸 PCB 重量大或由于元器件布置不均匀造成重量不平衡。这需要 PCB 设计时尽量使元器件分布均匀，在大尺寸 PCB 中间设计工艺边。

（3）掉片（丢片）

贴片胶质量差，或贴片胶固化温度不正确，固化温度过高或过低都会降低粘接强度，波峰焊接时经不起高温冲击和波峰剪切力的作用，使贴片元器件掉在料锅中。

（4）看不到的缺陷

焊点晶粒大小、焊点内部应力、焊点内部裂纹、焊点发脆、焊点强度差等，需要 X 光、焊点疲劳试验检测。这些缺陷主要与焊接材料、PCB 焊盘的附着力、元器件焊端或引脚的可焊性及温度曲线等因素有关。

五、问题探究

以 6 位学生为一小组，课后查资料，针对焊接中出现的问题，寻找解决方案，下节课以小组为单位汇报成果。

六、拓展训练

对上个拓展训练中的小制作板，运用《IPC—A—610E》标准对焊接的质量进行判定。

项目 4　通孔元器件的回流焊接

 项目综述

本项目将学习通孔元器件回流焊接的知识与技能,最终完成 HE6105 示波器垂直放大电路通孔元器件的回流焊接。项目分解为两个模块,它们是 UV 胶和固化炉的使用、回流焊接。两个模块均采用 HE6105 示波器垂直放大电路为载体。通过选用 UV 胶、固化炉对HE6105 示波器垂直放大电路上的通孔元器件进行固化,使学生能正确使用 UV 胶及固化设备对通孔元器件进行固化,并熟练判断固化的品质。通过对 HE6105 示波器垂直放大电路的回流焊接,熟悉通孔元器件回流焊接的工艺,掌握通孔元器件的回流焊接。通过对焊接质量的判定,掌握《IPC—A—610E》相关工艺标准。

 教学目标

最终目标	促成目标			
能正确选用并使用 UV 胶及固化设备,能对通孔元器件进行回流焊接,并判定焊接质量	能正确选用低温锡膏和 UV 胶,能正确使用固化设备对 UV 胶固化,会判定固化品质	能正确测量并调整回流焊炉的炉温曲线;能准确量测、管控与优化通孔元器件回流焊接各个参数	能熟练进行通孔元器件回流焊接	能正确判定焊接质量
工作任务	选用低温锡膏和 UV 胶,使用固化设备固化	测量及调整回流焊炉炉温曲线;量测、管控与优化通孔元器件回流焊接各个参数	回流焊接通孔元器件	判定焊接的质量
★★★	★★	★★	★★	★★★

模块 4.1　UV 胶和固化炉的使用

通过本模块的学习你将能够回答以下问题:

1. 什么是 UV 胶?

2. 如何使用固化炉及判定固化品质?

通过本模块的学习,我们将了解 UV 胶的组成、基本特性、优点、应用场合;掌握 UV 胶的粘接过程、使用方法；掌握固化设备的使用方法；熟悉《IPC—A—610E》相关工艺标准。

能力目标：会正确选用 UV 胶；能用固化设备对 UV 胶进行固化；会判定固化品质。

素质目标：培养学生主动学习的习惯，增强在完成任务过程中发现问题、分析问题和解决问题的能力；培养学生严谨的做事作风；培养学生的协作意识；使学生养成严格遵守安全操作规范的习惯。

任务4.1.1　选用 UV 胶对通孔元器件进行固定

一、任务目标

会选用 UV 胶和用 UV 胶对通孔元器件进行固定。

二、工作任务

选用 UV 胶对 HE6105 示波器垂直放大电路上的通孔元器件进行固定。

三、任务实施

任务引入：展示 HE6105 示波器垂直放大电路如图 4.1 所示，上面安装有电阻、电位器、电容器、二极管、三极管等通孔元器件。这些元器件常采用 UV 胶进行固定，本任务将介绍如何选用 UV 胶对 HE6105 示波器垂直放大电路上的通孔元器件进行固定。

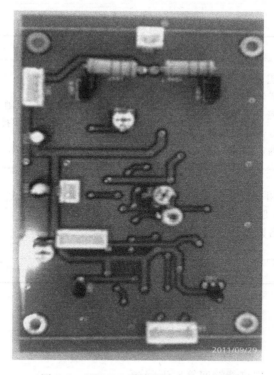

图 4.1　HE6105 示波器垂直放大电路

通过学习相关知识，完成以下子任务。

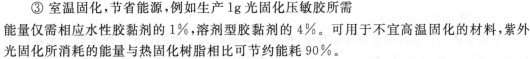

　　子任务 1：熟悉 UV 胶的组成、特点、应用情况。

　　请思考：什么是 UV 胶？UV 胶跟其他胶相比有什么优点？UV 胶的应用领域有哪些？

　　子任务 2：使用 UV 胶固定化元器件。

　　请思考：如何利用 UV 胶对通孔元器件进行固定？使用 UV 胶注意事项有哪些？

四、相关知识

　　UV 是英文 Ultraviolet Rays 的缩写，即紫外光线。紫外线（UV）是肉眼看不见的，是可见光以外的一段电磁辐射，波长在 10～400nm 的范围。UV 胶又称 UV 胶、光敏胶、紫外光 UV 胶，它是通过紫外线光照射才能固化的一类胶黏剂，它可以作为粘接剂使用，也可作为油漆、涂料、油墨等的胶料使用。UV 胶固化原理是 UV 固化材料中的光引发剂（或光敏剂）在紫外线的照射下吸收紫外光后产生活性自由基或阳离子，引发单体聚合、交联和接支化学反应，使黏合剂在数秒钟内由液态转化为固态。

　　（一）UV 胶简介

　　1．组成

　　UV 胶是由基础树脂、活性单体、光引发剂等主成分配以稳定剂、交联剂、偶连剂等助剂组成。其在适当波长的 UV 光照射下，光引发剂迅速产生自由某或阳离子，进而引发基础树脂和活性单体聚合交联成网络结构，从而达到材料的粘接目的。

　　2．优点

　　（1）环境/安全

　　① 无 VOC 挥发物，对环境空气无污染。

　　② 胶黏剂成分在环保法规中限制或禁止的比较少。

　　③ 无溶剂，可燃性低。

　　（2）经济性

　　① 固化速度快，几秒至几十秒即可完成固化，有利于自动化生产线，提高劳动生产率。

图 4.2　UV 胶

　　② 固化后即可进行检测以及搬运，节约空间。

　　③ 室温固化，节省能源，例如生产 1g 光固化压敏胶所需能量仅需相应水性胶黏剂的 1%，溶剂型胶黏剂的 4%。可用于不宜高温固化的材料，紫外光固化所消耗的能量与热固化树脂相比可节约能耗 90%。

　　④ 固化设备简单，仅需灯具或传送带，节约空间。

　　⑤ 单组分系统，无须混合，使用方便。

　　3．相容性

　　① 可以适用于温度、溶剂和潮湿敏感的材料的粘接。

　　② 控制固化、等待时间可以调整，固化程度可以调整。

　　③ 可以重复施胶，多次固化。

　　④ 紫外灯可以容易地安装在已有的生产线，不需较大改动。

4. UV 胶黏剂和其他胶黏剂对比(见表 4.1)

表 4.1 胶黏剂特性对比

属性	UV 胶	RTV 硅胶	双组分环氧	瞬间胶
固化速度	◎	✕	✕	◎
表面性质	○	◎	◎	◎
固化层厚度	○	◎	◎	✕
弹性伸长率	○	◎	✕	✕
粘接强度	◎	✕	◎	◎
耐湿性	○	◎	◎	✕
耐热性	○	◎	◎	✕
低温特性	○	◎	✕	✕
备注:◎优秀○中等✕差				

(二)应用领域

1. 应用于工艺品、玻璃制品,如图 4.3 所示。

① 玻璃制品、玻璃家具、电子秤粘接。

② 水晶珠宝工艺制品固定镶嵌。

③ 透明塑料工艺制品粘接。

图 4.3 UV 胶的应用 1

2. 应用于电子电器行业。

常用于通孔元器件回流焊接制程中,焊接前对通孔元器件的固定。保证插装元器件的位置不会因为 PCB 的传输而发生偏移,在进炉前不会因为在板子的反面而引起元器件掉落。

3. 应用于光学领域,如图 4.4 所示。

光学纤维黏合,光纤涂敷保护,修补连接。

4. 应用于数字光盘制造业

① CD—ROM/CD—R/CD—RW 制造中主要用于保护膜层的涂覆。

② 用于 DVD 基板粘接(特指 DVD—10 和 DVD—19 的碟片。DVD—10 为单层双面

图 4.4　UV 胶的应用 2

碟片,DVD—19 为双面双层碟片),DVD 包装的密封罩也使用紫外光 UV 胶黏剂。

5. 应用于医疗用品

呼吸系统、蝶型装置和面罩、静脉导管装置、氧合器、蓄水器、电子诊断装置等医疗设备的黏结组装。

(三) 用 UV 胶固定通孔元器件的步骤

1. 表面处理

根据具体材料处理,表面干燥清洁,无弱边界层。

2. 自动涂胶

连续涂胶,不要分散。

3. 光波定位

短时间低辐射,用手轻推不动。

4. 除去溢胶

小刀刮除,软布、纸巾轻轻擦除溢胶,可以蘸丙酮酒精。

5. 完全固化

长时间高辐射,直至完全固化,注意温度不要过高。

6. 表面清洁

软布/纸巾蘸丙酮酒精轻轻擦试。

(四) UV 胶使用注意事项

① 被粘工件表面的油脂、水分、杂质和平整度将直接影响粘接质量,务必擦干、擦净,确保粘接表面平整。

② 使用专用 UV 胶固化炉进行光照固化,保证粘接质量。

③ 粘接过程中,务必排出可能的气泡;务必压紧被粘工件,胶层压得越薄,粘接力越好。

④ 被粘工件定位前,切忌移动工件,以免发生位移。

⑤ UV 辐照量对 UV 胶的固化非常重要,它由光照强度和照射时间决定。对 UV 胶,使用专用 UV 胶固化炉情况,定位时间通常在数秒内,完全固化约需 30s 左右。

⑥ 对于余胶影响产品美观的问题,可以从准确控制施胶量来解决,或在光照固化前擦除多余胶液再光照固化。

⑦ 有色或较厚的玻璃会对紫外或可见光产生吸收，使部分波段的光线无法通过或被削弱，而影响 UV 胶的固化，应选用专用胶水(如 UV169)或通过实验确认合适的胶水。

⑧ UV 灯的使用寿命通常在 800～1000h，发射的 UV 光强度会随着使用时间的延长而变衰弱，应定期更换新的灯管。

⑨ PCBA 上不能有紫外擦除的 EPROM。

⑩ 使用 UV 胶时避免 PCBA 上有其他 UV 敏感元器件。

⑪ 务必进行首件检查后，再进行正常生产。

⑫ UV 胶属于工业化学品，胶液光照固化前，请做好防护，避免直接触接皮肤；如若不慎滴落皮肤，请用大量清水冲洗干净即可；对皮肤过敏者，请即刻就医，通常不会造成影响。

五、问题探究

以 6 个学生为小组，课后查资料熟悉 UV 胶还有什么种类及其他的应用场合，下次课以小组为单位汇报成果。

六、拓展训练

对图 4.6 所示的电路板，选用合适 UV 胶对通孔元器件进行固定。

图 4.5　练习板

任务 4.1.2　使用固化设备固化 UV 胶

一、任务目标

- 能用固化设备对 UV 胶进行固化。
- 会判定固化品质。

二、工作任务

使用固化设备对 UV 胶固化。

三、任务实施

任务引入：展示 HE6105 示波器垂直放大电路板，上面用 UV 胶固定了电阻、电位器、电容器、二极管、三极管等通孔元器件，需要对 UV 胶固化。本任务将介绍如何选用及利用固化光源对 UV 胶进行固化及对不良品进行分析。

（一）光固化设备及光源

通过学习相关知识，完成以下子任务。

子任务 1：熟悉光固化设备及光源。

请思考：什么是光固化机？其结构是怎样的？进行固化的光源有哪些？

子任务 2：对 UV 胶进行固化。

请思考：如何进行固化？应注意什么问题？

子任务 3：固化品质判定。

请思考：固化的质量怎样判定？

（二）不良品案例分析

通过学习相关知识，完成以下子任务。

子任务 1：熟悉 UV 固化机可能出现的故障。

请思考：UV 固化机可能出现哪些故障？原因是什么？如何解决？

子任务 2：判定 HE6105 示波器垂直放大电路板的固化品质。

请思考：UV 固化可能出现哪些故障？如何解决？

四、相关知识

（一）光固化设备

用于 UV 胶固化的辐射装置通称为光固化机，如图 4.6 所示，可分为履带式、箱式、点光源系列。它的构造比较简单，主要由光源、反射器、冷却系统（风冷或水冷）和传动装置（传送带）组成。

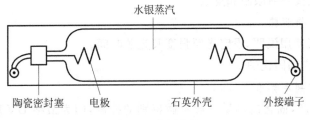

图 4.6　光固化机

（二）光源

紫外光由紫外灯产生，常用的紫外灯源有低压汞灯、中压汞灯、高压汞灯、氙灯、金属卤化物灯以及最新式的无极灯。其中中压汞灯（4bar，100mW/cm^2）相对便宜、易于安装和维护，并且在 340～380nm 范围波长的强烈辐射峰，正好落在许多光引发体系的吸收谱，因此中压汞灯获得广泛应用。

光固化设备及光源对胶黏剂的固化过程,固化后的胶水性能有很大影响。高强度的稳定紫外灯可以降低氧阻聚作用,提高表干效果;降低光引剂用量,减少胶膜黄变;改善表面抗刮耐磨效果等。

一般的胶黏剂使用者,特别是玻璃家具,工艺品行业普通使用类似家庭日光灯管的 BL 紫外灯管(T8/T9 BL UV 灯管),根据长度一般单根为 20W,长的为 40W,这种紫外灯广泛用于吸引昆虫的杀虫灯、灭蚊灯,购买紫外灯管时请认清标识,例如:F20T8 BL,其中 F 表示荧光灯,20 表示 20W,T8 为型号,BL 表示 Black Light,表明有紫外光。

还有的用户使用灯泡,这种灯泡就是用于道路照明(室内外工业照明/商业照明)的普通高压荧光灯泡,例如飞利浦 HPL—N 荧光高压汞灯,一般用 125W 或 250W,外部带有反光罩,利于光线反射集中,这种灯泡亮度高,感觉刺眼。

上述这两种光源(灯管/灯泡)日常生活经常见到,紫外线强度和阳光差不多,发射的紫外光均为波段较长的 UVA,对人体伤害小,在粘接过程中操作人员可以放心使用,但也要避免眼睛直视光源。这两种光源发射紫外光强度很低,固化时需要提高相应的光照时间。

另外市场上有一种紫外线灯,没有专业防护,不要购买杀菌灯,这种光源以字母 G 开始,例如 G20T8,杀菌灯直接发射短波长的紫外光,对人体伤害较大。

一般 T8/T9 BL 紫外灯管和 HPL 高压荧光灯泡的紫外光强度仅为专业高压紫外灯的 3%~6%,所以相应的固化时间要延长许多。

(三)紫外灯使用注意事项

① 变压器、电容或者电子电路电源,一定要与灯的参数匹配。

② 避免过于频繁地点灯及灯的冷启动。

③ 确保输入电源稳定性良好(配备稳压器)。

④ 合理冷却紫外灯。

⑤ 选配合理的反射系统。

⑥ 定期旋转紫外灯。

⑦ 避免灯光直接照射眼睛和皮肤。

(四)固化炉操作步骤

① 根据 UV 胶使用说明,设定光照强度及光照时间。

② 接通电源,启动固化炉。

(五)固化品质判定标准

由于要连续生产,固化的品质一般不做特别的控制,因为最终 UV 胶只是在焊接的过程中起到临时的固定作用,最终其电气连接还是由低温锡膏、元件脚和焊盘共同完成的。只要 UV 胶能够保证在回流焊炉中的元件不掉落,不位移就可以。而这也是判断固化品质的一般标准。下面从黏度、点胶性能、固化可靠性与液晶反应性介绍紫外光 UV 胶检测标准。

1. 黏度

① 测试方法:测试待测紫外 UV 胶黏度。

② 判定标准:黏度在供应商提供的参数以内,并与现生产用紫外 UV 胶黏度相近。

2. 点胶性能

① 测试方法：按现生产工艺条件点待测紫外 UV 胶,观察其点胶效果。

② 判定标准：胶点饱满,胶点大小适当。

3. 固化可靠性

① 测试方法：按现生产工艺条件进行紫外 UV 胶固化。

② 判定标准：完全固化,且保证在回流焊炉中的元器件不掉落,不位移。

4. 与液晶反应性

① 测试方法：将待测试紫外 UV 胶按生产工艺条件试作样品,测试其光电性能。

② 判定标准：紫外 UV 胶附近没有往可视区方向延伸的畴。对液晶光电参数不影响,高温高湿可靠性实验测试后光电性能变化在产品要求范围之内。

(六) UV 固化机可能出现的故障原因及解决方法

1. UV 灯不亮或自熄

原因之一：UV 灯老化。

对策：更换 UV 灯。

原因之二：风冷不够。

对策：疏通风管、清理风机风轮杂物。

原因之三：电源电压低于 10%,

对策：提高电压。

2. UV 灯亮度不足

原因：紫外灯老化。

对策：更换 UV 灯。

3. 变压器温度高(>95℃)

原因之一：电源电压高于 10%。

对策：降低机器输入电压,加强通风。

原因之二：机器周围通风差。

对策：清理疏通机器周围环境。

4. UV 灯全部关闭后 UV 固化机不能自动关机

原因：延时器损坏。

对策：更换延时器。

5. 网带跑偏

原因：网带左右松紧不均。

对策：重新调整网带，调整螺丝。

6. 滚筒有异声

原因：轴承损坏。

对策：更换轴承。

（七）UV 固化故障分析

1. UV 胶在 UV 光照射下不固化

① UV 光照度不够。

② 灯管衰退（劣质灯管，功率不合适灯管，改装灯管）。

③ 无测量光量设备。

④ 材料含有 UV Cut 成分。

2. 瞬间胶避免白化现象的方法

① 使用涂布装置（控制点胶量）。

② 配合使用硬化促进剂。

③ 使用通风设备。

3. 拖尾

原因：胶嘴内径太小；涂覆压力太高；胶嘴离电路板间距太大；胶黏剂过期或品质不佳；胶黏剂黏度太高；冰箱中取出后立即使用；涂覆温度不稳定；涂覆量太多；胶黏剂常温下保存时间过长。

对策：更换内径较大的胶嘴；调整涂覆压力；选择"止动"高度合适的胶嘴；检查胶黏剂是否过期及储存温度；选择黏度较低的胶黏剂；充分解冻后再使用；检查温度控制装置；调整涂覆量；使用解冻的冷藏保存品。

4. 胶嘴堵塞

原因：不相容的胶水交叉污染；针孔内未完全清洁干净；针孔内残胶有厌氧固化的现象发生；胶黏剂微粒尺寸不均匀。

对策：更换胶嘴或清洁胶嘴针孔及密封圈；清洗胶嘴，注意勿将固化残胶挤入胶嘴（如每管胶的开头和结尾）；不使用黄铜或铜质的点胶嘴（丙烯酸脂胶黏剂在本质上都有厌氧固化的特性）；选择微粒尺寸均匀的胶黏剂。

5. 空洞

原因：注射筒内壁有固化的胶黏剂、异物或气泡；胶嘴不清洁。

对策：更换注射筒或将其清洗干净，排除气泡。

6. 漏胶

原因：胶黏剂内混入气泡。

对策：高速脱泡处理；使用针筒式小封装。

7. 元件偏移

原因：胶黏剂涂覆量不足；胶黏剂湿强度低；涂覆后长时间放置；元件表面与胶黏剂的亲和力不足。

对策：调整胶黏剂涂覆量；更换胶黏剂；涂覆后 1h 内完成贴片固化。

8. 固化后强度不足

原因：胶黏剂涂覆量不够；对元件浸润性不好；光照强度不够。

对策：调高固化炉的设定温度；更换灯管，同时保持反光罩的清洁，无任何油污；调整胶黏剂涂覆量；咨询供应商确认技术参数，调整光照强度。

9. 粘接度不足

原因：施胶面积太小；元件表面塑料脱模剂未清除干净；大元件与电路板接触不良。

对策：利用溶剂清洗脱模剂，或更换粘接强度更高的胶黏剂；在同一点上重复点胶，或采用多点涂覆，提高间隙充填能力。

10. 掉件

原因：固化强度不足或存在气泡；点胶施胶面积太小；施胶后放置过长时间才固化；使用 UV 胶固化时胶水被照射到的面积不够；元件上有脱模剂。

对策：确认固化曲线是否正确及胶黏剂的抗潮能力；增加涂覆压力或延长涂覆时间；选择黏性有效时间较长的胶黏剂或适当调整生产周期，涂覆后 1 小时内完成贴片固化；增加胶量或双点施行胶，使胶液照射的面积增加；咨询元器件供应商或更换胶黏剂。

11. 施胶不稳

原因：冰箱中取出就立即使用；涂覆温度不稳；涂覆压力低，时间短；注射筒内混入气泡；供气气源压力不稳；胶嘴堵塞；电路板定位不平；胶嘴磨损；胶点尺寸与针孔内径不匹配。

对策：充分解冻后再使用；检查温度控制装置；适当调整涂覆压力和时间；分装时采用离心脱泡装置；检查气源压力，过滤器，密封圈；清洗胶嘴；咨询电路板供应商；更换胶嘴；加大胶点尺寸或换用内径较小的胶嘴。

五、拓展训练

本模块将任务 4.1.1 中图 4.5 所示电路板上的 UV 胶进行固化。

模块 4.2　回 流 焊 接

通过本模块的学习你将能够回答以下问题：

1. 如何测量和调整回流焊炉的炉温曲线？与贴片元器件的回流焊接有何区别？

2. 如何回流焊接通孔元器件？

3. 如何根据《IPC—A—610E》相关工艺标准正确判定焊接质量？

通过本模块的学习我们将了解低温焊膏的焊接工艺；掌握通孔元器件回流焊接的工艺流程；掌握回流焊炉参数的设置；熟悉《IPC—A—610E》相关工艺标准。

能力目标：会正确测量及调整回流焊炉的炉温曲线；能准确量测、管控与优化通孔元器件回流焊接各个参数；会对 HE6105 示波器垂直放大等电路回流焊接；会判定焊接质量。

素质目标：培养考生积极、主动的学习习惯，增强在完成任务过程中安全、文明工作的意识；培养严谨的做事风格；培养团结协作意识；养成严格遵守规范的良好习惯。

任务 4.2.1　回流焊炉参数的设置

一、任务目标

能准确量测、管控与优化通孔元器件回流焊接各个参数。

二、工作任务

- 选用低温锡膏，设置参数。
- 测量和调整回流焊炉炉温曲线。
- 量测、管控与优化通孔元器件回流焊接各个参数。

三、任务实施

任务引入：展示 HE6105 示波器垂直放大电路，上面的电阻、电位器、电容器、二极管、三极管等通孔元器件已用 UV 胶进行了固化，本任务将介绍如何选用低温锡膏、设置参数、测量和调整回流焊炉炉温曲线、量测管控与优化通孔元器件回流焊接各个参数，为 HE6105 示波器垂直放大电路的回流焊接作准备。

通过学习相关知识，完成以下子任务。

子任务 1：低温锡膏的选择。

请思考：如何选择低温锡膏？

子任务 2：参数的设置。

请思考：设置参数的依据是什么？如何设置参数？

子任务 3：测量和调整回流焊炉炉温曲线。

请思考：如何测量和调整回流焊炉炉温曲线？

四、相关知识

（一）低温锡膏简介

低温锡膏是当今 SMT 生产工艺的一种免清洗型焊锡膏。它是采用特殊的助焊膏与氧化物含量极少的球形锡粉炼制而成的，具有卓越的连续印刷解像性。此外，低温锡膏采用具有高信赖度的低离子性活化剂系统，使其在回流焊之后的残留物极少且具有相当高的绝缘阻抗，无须清洗也能拥有极高的可靠性。

（二）低温锡膏的特点

① 印刷滚动性及落锡性好，对低至 0.3mm 间距焊盘也能完成精美的印刷。

② 连续印刷时，其黏性变化极少，钢网上的可操作寿命长，超过 12h 仍不会变干，能保持良好的印刷效果。

③ 印刷后数小时仍保持原来的形状，基本无塌落，贴片元器件不会产生偏移。

④ 具有极佳的焊接性能，可在不同部位表现出适当的润湿性。

⑤ 可适应不同档次焊接设备的要求，无须在充氮环境下完成焊接，在较宽的回流焊炉温范围内仍可表现良好的焊接性能。用"升温—保温式"或"逐步升温式"两类炉温设定方式均可使用。

⑥ 焊接后残留物极少，颜色很浅且具有较大的绝缘阻抗，不会腐蚀 PCB，可达到免洗的要求。

⑦ 具有较佳的 ICT 测试性能，不会产生误判。

⑧ 有针对 BGA 产品而设计的配方，可解决焊接 BGA 方面的难题。

⑨ 可用于通孔滚轴涂布工艺。

（三）低温锡膏技术特性

① 产品检验所采用的主要标准：IPC—TM—650。

② 锡粉合金特性。

• 合金成份如表 4.2 所示。

表 4.2 合金成分

序号（No.）	成分	含量 W_t%
1	锡（Sn）%	42 ± 0.5
2	铋（Bi）%	58 ± 0.5
3	铅（Pb）%	≤0.1
4	铜（Cu）%	≤0.01
5	镉（Cd）%	≤0.002
6	锌（Zn）%	≤0.002
7	铝（Al）%	≤0.001
8	锑（Sb）%	≤0.02
9	铁（Fe）%	≤0.02
10	砷（As）%	≤0.01
11	银（Ag）%	≤0.01
12	镍（Ni）%	≤0.005

• 锡膏粉径对照表如表 4.3 所示。

表 4.3 锡膏粉径对照表

型号	网目代号	直径/mm	适用间距
T2	−200/+325	45～75	≥0.65mm(25mil)
T2.5	−230/+500	25～63	≥0.65mm(25mil)
T3	−325/+500	25～45	≥0.5mm(20mil)
T4	−400/+500	25～38	≥0.4mm(16mil)
T5	−400/+635	20～38	≤0.4mm(16mil)
T6	N. A.	10～30	Micro BGA

- 合金物理特性如表 4.4 所示。

表 4.4 合金物理特性

熔点	139℃
合金比重	8.4g/cm³
硬度	14 HB
热导率	50 J/M. S. K
拉伸强度	44 MPa
延伸率	25 %
导电率	11.0% of IACS

- 锡粉形状：球形。

（四）低温锡膏的应用

（1）低温锡膏一般选用类型

可根据自身产品及工艺的要求选择相应的合金成分、锡粉大小及金属含量，对于一般无铅系焊接体系，我们建议选择 Sn42Bi58（焊接含银电极）合金成分，锡粉大小一般选 T3（mesh −325/+500，25～45μm），对于 Fine pitch（脚距密集化），可选用更细的锡粉。

（2）使用前的准备

① "回温"。锡膏通常要用冰箱冷藏，冷藏温度为 5～10℃为佳，温度过高会相应缩短其使用寿命，影响其特性；温度太低（低于 0℃）则会产生结晶现象，使特性恶化。从冷箱中取出锡膏时，其温度较室温低很多，若未经"回温"，而开启瓶盖，则容易将空气中的水汽凝结，并沾附于锡浆上，在过回流焊炉时（温度超过 100℃），水分因受强热而迅速汽化，造成"爆锡"现象，产生锡珠，甚至损坏元器件。

回温方式：不开启瓶盖的前提下，放置于室温中自然解冻。

回温时间：4～8h。

注意：未经充足的"回温"，千万不要打开瓶盖；不要用加热的方式缩短"回温"的时间。

② 搅拌。锡膏在"回温"后，在使用前要充分搅拌。

目的：使助焊剂与锡粉之间均匀分布，充分发挥各种特性。

搅拌方式：手工搅拌或机器搅拌均可。

搅拌时间：手工搅拌 4min 左右，机器搅拌 1～3min。

搅拌效果的判定：用刮刀刮起部分锡膏，刮刀倾斜时，若锡膏能顺滑地滑落，即可达到要求。

（3）使用注意事项

与贴片元器件的回流焊接中锡膏使用注意事项相同。

（4）印刷

印刷注意点：

① 使用中严格与常规锡膏区分，避免混用。

② 其他与贴片元器件的回流焊接相同。

（五）温度曲线

图 4.7 所示的是热风回流焊工艺所采用的温度曲线，可以用作回流焊炉温度设定之参考。该温度曲线可有效减少锡膏的垂流性以及锡球的发生，对绝大多数的产品和工艺条件均适用。

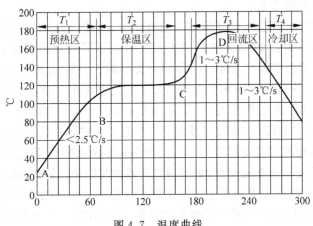

图 4.7　温度曲线

1. 预热区（T_1）

在预热区，焊膏内的部分挥发性溶剂被蒸发，并降低对元器件之热冲击：

要求：升温速率为 1.0～3.0℃/s；若升温速度太快，则可能会引起锡膏的流移性及成份恶化，造成锡球及桥连等现象。同时会使元器件承受过大的热应力而受损。

2. 保温区 （T_2）

在该区助焊开始活跃，化学清洗行动开始，并使 PCB 在到达回焊区前各部温度均匀。

要求：温度：110～125℃　　　　　时间：90～150s

3. 回流区

锡膏中的金属颗粒熔化，在液态表面张力作用下形成焊点表面。

要求：最高温度：163～180℃,时间：＞138℃,30～90s(Important)

若峰值温度过高或回焊时间过长，可能会导致焊点变暗、助焊剂残留物碳化变色、元器件受损等。若温度太低或回焊时间太短，则可能会使焊料的润湿性变差而不能形成高品质的焊点，具有较大热容量的元器件的焊点甚至会形成虚焊。

4. 冷却区

离开回流区后，基板进入冷却区，控制焊点的冷却速度也十分重要，焊点强度会随冷却速率增加而增加。

要求：降温速率＜4℃/s冷却终止温度最好不高于75℃

若冷却速率太快，则可能会因承受过大的热应力而造成元器件受损，焊点有裂纹等不良现象；若冷却速率太慢，则可能会形成较大的晶粒结构，使焊点强度变差或元器件移位。

注：上述温度曲线是指焊点处的实际温度，而非回流焊炉的设定加热温度。

（六）焊接后残留物的清除

低温无铅锡膏在焊接后的残留物极少且颜色很淡，呈透明状，具有相当高的绝缘阻抗，不必清洗。如客户一定要清洗，建议使用一般符合自身工艺要求的清洗剂。

（七）焊接后的返修作业

经回流焊后，若有少量不良焊点，则可用电烙铁、锡线、助焊剂进行返修作业，但建议在返修时使用与原锡膏体系相兼容的锡线和助焊剂，以免产生某些不良反应。

（八）通孔回流焊接工艺

在传统的电子组装工艺中，对于安装有通孔插装元器件（THD）印制板组件的焊接一般采用波峰焊接技术。但波峰焊接有许多不足之处：①不适合高密度、细间距元件焊接；②桥接、漏焊较多；③需喷涂助焊剂；④印制板受到较大热冲击翘曲变形。因此波峰焊接在许多方面不能适应电子组装技术的发展。为了适应表面组装技术的发展，解决以上焊接难点的措施是采用通孔回流焊接技术（Through-Hole Reflow，THR），又称为穿孔回流焊（Pin-in-Hole Reflow，PIHR）。该技术原理是在印制板完成贴片后，使用一种安装有许多针管的特殊模板，调整模板位置使针管与插装元件的通孔焊盘对齐，使用刮刀将模板上的锡膏漏印到焊盘上，然后安装通孔元器件，最后通孔元器件与贴片元器件同时通过回流焊完成焊接。从中可以看出通孔回流焊相对于传统工艺的优越性：首先减少了工序，省去了波峰焊这道工序，节省了费用，同时也减少了所需的工作人员，在效率上也得到了提高；其次回流焊相对于波峰焊，产生桥接的可能性要小得多，这样就提高了一次通过率。通孔回流焊相对传统工艺在经济性、先进性上都有很大优势。

生产工艺流程与SMT流程极其相似，即印刷焊膏→插入元件→回流焊接，无论对于单面混装板还是双面混装板，流程基本相同。对某些如SMT元器件多而通孔元器件较少的产品，这种工艺流程可以在一定程度上取代波峰焊。

（九）通孔回流焊接工艺的特点

1．与波峰焊相比的优点

焊接质量好，不良比率PPM（百万分率的缺陷率）可低于20。虚焊、连锡等缺陷少，返修率极低。PCB布局的设计无须像波峰焊工艺那样特别考虑。工艺流程简单，设备操作简单。设备占地面积少，因其点胶机和固化机都较小，故只需较小的面积。无锡渣问题。机器为全封闭式，干净，生产车间里无异味。设备管理及保养简单。印刷工艺中采用了印刷模板，各焊接点及印刷的焊膏量可根据需要调节。在回流时，采用特别模板，各焊接点的温度可根据需要调节。

2．与波峰焊相比的缺点

此工艺由于采用了焊膏，焊料的价格成本相对波峰焊的锡条较高。须定制特别的专用模板，价格较贵。而且每个产品需各自配备一套印刷模板及回流焊模板。回流炉可能会损坏不耐高温的元器件。在选择元器件时,特别注意塑胶元器件,如电位器等可能由于高温而损坏。

通孔回流焊在很多方面可以替代波峰焊来实现对通孔元器件的焊接,特别是在处理焊接面上分布有高密度贴片元器件(或插件焊点附件有高度＞5mm 的 SMD 元件)的插件焊点的焊接,这时传统的波峰焊接已无能为力,另外通孔回流焊能极大地提高焊接质量,这足以弥补其设备昂贵的不足。通孔回流焊的出现,对于丰富焊接手段、提高线路板组装密度(可在焊接面分布高密度贴片元器件)、提升焊接质量、降低工艺流程,都大有帮助。可以预见,通孔回流焊将在未来的电子组装中发挥日益重要的作用。

五、问题探究

分析贴片元器件的回流焊接、通孔元器件的回流焊接温度曲线设置的不同点。

六、拓展训练

学生分组进行回流焊炉参数的设置练习。

任务 4.2.2　回流焊接

一、任务目标

- 能熟练进行通孔元器件回流焊接。
- 熟悉《IPC—A—610E》相关工艺标准,能正确判定焊接质量。

二、工作任务

- 回流焊接 HE6105 示波器垂直放大电路;
- 对 HE6105 示波器垂直放大电路通孔元器件回流焊接质量进行判定。

三、任务实施

任务引入:展示已固化的 HE6105 示波器垂直放大电路,本任务将介绍如何对通孔元器件回流焊接,并判定焊接质量。

通过学习前述相关内容,完成以下子任务。

> 子任务 1:回流焊接 HE6105 示波器垂直放大电路通孔元器件。
>
> **请思考**:如何对 HE6105 示波器垂直放大电路的通孔元器件进行回流焊接?
>
> 子任务 2:对 HE6105 示波器垂直放大电路通孔元器件回流焊接质量进行判定。
>
> **请思考**:通孔回流焊接的焊点要求是什么?如何进行质量判定?

四、问题探究

1. 通孔元器件的回流焊接与贴片元器件的回流焊接在操作上有什么不同,哪些通孔元器件不能进行回流焊接?

2. 通孔元器件回流焊接有哪些缺陷?如何解决?

五、拓展训练

将本项目任务 4.1.1 中图 4.5 电路板通孔元器件进行回流焊接,并对电路板的焊接质量进行判定。

项目 5　焊接的可靠性评估

项目综述

在本项目中我们将学习通过外观评估焊点的好坏和通过实验来验证焊点可靠性的知识和技能。项目分解为两个模块，它们是通过外观评估焊点的质量和实验评估焊点的可靠性。通过本模块的学习和实践能确认焊点是否合格。同时，能基于不同的环境要求、结合实际情况来设计焊点可靠性试验，确认焊点的可靠性。

教学目标

最终目标	促成目标	
判断焊点的好坏与可靠性	能通过外观判断焊点的好坏	能通过实验来判断焊点的好坏和可靠性
工作任务	外观评估焊点的质量	试验评估焊点的可靠性
★★★	★★	★★★

通过本项目的学习你将能够回答以下问题：

1. 如何通过外观判断焊点的好坏？

2. 如何通过实验来验证焊点的可靠性？

通过本项目的学习我们将能通过外观判断焊点的好坏，并能通过设计可靠性试验的方式，来判断焊点的可靠性。

能力目标：能通过外观判断焊点的好与坏，能借助实验确定焊点的可靠性。

素质目标：培养安全、正确操作仪器的习惯；培养严谨的做事风格；培养团队协作意识。

任务 5.1.1　外观评估焊点质量

一、任务目标

能通过目视焊点外观或借助放大镜目视焊点外观来判断焊点的好坏。

二、工作任务

评估焊点质量。

三、任务实施

任务引入：展示已焊接好的电路板，本任务将介绍通过目视焊点外观或借助放大镜目视焊点外观来判断焊点的好坏。

通过学习相关知识，完成以下任务。

> 　　**子任务**：根据焊点本身的特性评估焊接的可靠性。
> 　　**请思考**：良好焊点的外形特征是怎样的？

四、相关知识

　　随着电子产品的发展和电子焊接技术的发展,产品的体积尺寸和元件封装的体积尺寸越来越小,功能却越来越复杂。所以,承载着产品电气连接和元件机械连接的焊点,要承受的力学、电学和热学负荷也日益增大。有研究表明,焊点的力学、电学和热学负荷主要和温度循环的作用紧密相关。

　　焊接的可靠性评估主要有两类,其一是从焊点本身的特性来评估,另一种是用产品本身的特性来评估。但是不论是哪一种方法,都要根据焊接的基本原理来判断用怎样的方法来验证焊接的可靠性。

　　1. 从焊点本身的特性来评估

　　焊点本身的特性主要指从焊点的外观来判断,焊点是否饱满,有没有明显的焊接异常;元件脚和焊盘的相对位置关系是否正常。图 5.1 所示的是具有良好焊点的电路板,可以看到,良好的焊点,在焊盘和元件脚之间形成的焊点是圆润的、弯月状的;同时元件和焊盘的相对位置没有发生偏移。良好焊点的外形特征是:①良好的浸润;②适当的焊料使用量;③焊料覆盖焊盘和元件脚的高度适当;④完整而平滑光亮的表面。

图 5.1　良好的焊点

　　图 5.2 所示的是焊点开裂的照片(在放大镜下),可以明显地看到,焊点上有一条开裂的痕迹。图 5.3 是它的切片图。这样的焊点,经过一段时间的工作,在温度的作用下,会完全开裂而失去电气连接和机械连接的作用。

　　图 5.4 所示的是元件脚包焊,即元件脚没有从焊点中露出来,这样的的焊点,没有办法判断元件脚是否焊接可靠,埋在焊点里面的部分看不到。所以这样的焊点也无法判断其可靠

性有多高。一般这样的焊点会当作缺陷来处理。图 5.5 所示的是对应的另一面的状况,对应包焊的那个元件脚在插件的时候被破坏了(顶出来了)。

图 5.2　焊点开裂

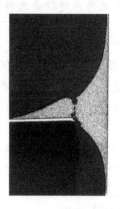

图 5.3　开裂焊点切片图

图 5.4　元件脚包焊

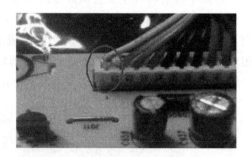

图 5.5　被破坏的包焊元件脚

　　有时由于焊接过程中的异常,造成焊料没有铺满整个焊盘,同时,也没有爬升到元器件引脚的一定高度,典型的不良是焊盘的部分区域没有焊锡,如图 5.6 所示。这样的焊点在经过一段时间的使用后,元器件引脚和焊盘将会脱离,从而造成电气功能和机械连接功能失效。更多典型的不良及其照片,可以查看国际标准 IPC—A—610E。

图 5.6　焊盘的部分区域无焊锡

2. 从产品本身的特性来评估

图 5.7 所示的是从正上方看零件脚和旁边的电路短路的图片。它是一种焊接缺陷,可是从侧面看(见如图 5.8),零件脚和旁边的线路①有较小的空隙 C,此时应该如何判断此焊点的可靠性呢? 这就要考虑:一是元件同旁路线路①是否等电位;二是 C 是否符合最小电气间隙。这些问题从焊点本身无法得到答案,要从产品本身的特性入手进行分析。

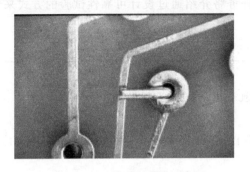 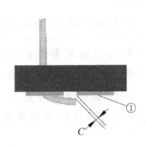

图 5.7　零件脚和旁路短路　　　　　　图 5.8　零件脚和旁路线路的侧视图

另外,图 5.9 所示的图片虽然是两行的焊点,但是随着产品的运输和使用过程中的振动或者不小心的摔落,沉重的零件会将焊点拉脱落。这样的风险是必然存在的,但是同样从焊点本身无法判断的,要从产品本身入手进行分析。

图 5.9　径向引脚水平安装元件

好的焊点的特征是:在产品设计所预期的使用条件、方式以及寿命期下,能维持良好的机械和电气性功能。而这种良好的机械和电气性能,除了焊点本身外,产品本身的设计也有相当重要作用。

五、问题探究

课后查阅 IPC—A—610E 标准,下节课回答如下问题:(1)在 IPC—A—610E 中,对产品做了哪三级分类,分别是什么? (2)在 IPC—A—610E 中,所谓的"四级验收标准"是什么? 分别有怎样的含义?

任务 5.1.2　实验评估焊点可靠性

一、任务目标

能查阅焊点可靠性国际标准,设计可靠性试验,并能根据实验结果判断焊点的可靠性。

二、工作任务

- 认识可靠性试验。
- 实验评估焊点的可靠性。

三、任务实施

任务引入：展示已焊接好的电路板,本任务将介绍通过设计可靠性试验的方式来判断焊点的可靠性。

通过学习相关知识,完成以下任务。

子任务 1：认识可靠性试验。

请思考：可靠性试验一般有哪几种? 机械振动试验主要有哪几种?

子任务 2：实验评估焊点的可靠性。

将前面回流焊接或波峰焊接中的电路板,选择可靠性试验的方式,判断焊点的可靠性。

四、相关知识

从焊点本身的特性来评估,非常直接,但是由于 SMT 技术的发展,焊点越来越小,造成目视检查非常困难,这时候,就需要借助产品本身的功能特性来判断。如果产品的功能出现问题,在排除了原材料本身的问题后,几乎就可以判定是焊接的问题。再经过电气回路判断,以简单的电信号测量,可以精确地判断是哪一个元件脚出现了问题,这样可以有针对性地进行分析。一般的可靠性试验有以下几种。

1. 机械振动

这是在实验室中用一系列的可供的震动仿真来模拟实际产品运输和使用过程中的震动环境。一般产品在出厂后,都需要经过一系列的运输才会到达用户手中,而在产品的使用过程中,由于意外或产品的设计要求,也有可能要经受一定的震动冲击。比如,手机在使用过程中不小心掉到地上,汽车的电子器件是经常经受机械冲击的。在这些情况下,焊点的机械强度是否足够大,就成为要考虑的一个因素(机械振动试验的另一个目的是考量产品的包装是否合适)。

一般的机械振动试验主要有两种：一是定频试验,在一定的加速度条件下,用一定的频率(或半正弦波或方波或锯齿波),把产品固定在振动台上进行试验；另一种是扫频试验,在一定的加速度条件下,用符合一定规律变化的频率(或半正弦波或方波或锯齿波),把产品固定在振动台上进行试验。在实际生产中,还有其他的试验种类,比如随机波试验等,详细的可以参考国家标准化委员会的相关手册和 IPC—TM—650。

2. 温度循环试验和温度冲击试验

在产品的工作期间,焊点将会受到温度的影响,因为热应力的变化,随着时间的推移,焊点的电气性能和机械性能会不断地下降,而对于有缺陷的焊点,这种影响会非常的巨大。一般我们使用温度循环试验和温度冲击试验来评估产品中是否存在这样有问题的焊点。当然,同时也可用来评估整个产品的设计使用寿命。

① 温度循环试验考核产品在不同环境条件下的适应能力,常用于产品在开发阶段的形

式试验、元器件的筛选试验。

温度循环的技术指标包括：高温温度、高温保持时间、下降速率、低温温度、低温保持时间、上升速率、循环次数。

② 温度冲击试验用于测试温度对材料结构的影响，试样通过在瞬间经极高温及极低温的连续环境下试验，在最短时间内检测试样因热胀冷缩所引起的化学变化或物理伤害。

把元件、产品、系统在一定时间内、一定条件下无故障地执行指定的功能，得到的可靠度、失效率、平均无故障间隔等指标来评价产品的可靠性。

可将产品可靠性定义为在规定的条件下和规定的时间内，元器件（产品）、设备或者系统稳定完成功能的程度或性质。

温度循环试验和温度冲击试验是一种加速老化的试验，也是一种破坏性试验。一般不允许将经过温度循环试验或温度冲击试验的产品再次销售。

图 5.10 所示的是典型的温度循环试验和温度冲击试验的试验曲线（引用自 IPC—9701），各个参数的含义如下。

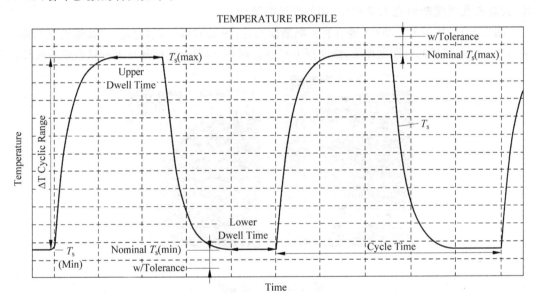

图 5.10　温度循环试验和温度冲击试验的试验曲线

ΔT Cyclic Range——在整个试验中，最高温度和最低温度之间的温度差。

Dwell time——驻留时间，指最高温度和最低温度的维持时间。

T_s——Sample Temperature，就是样品在整个试验中所经历的温度曲线。（可以使用电热偶或其他等效设备测量）。$T_s(\text{Max})/T_x(\text{min})$ 就是在整个曲线中温度最高和最低的点。

$w/\text{Tolerance}$——在 $T_s(\text{max})$ 和 $T_s(\text{min})$ 段，温度的控制没有办法也没有必要很精确的控制在一个温度点上没有波动。$W/\text{Tolerance}$ 就是指允许的最大温度波动范围。一般的温度波动在 10℃。具体可参考 IPC—9701A 表格 4.1。

Cycle time——一个温度周期所用的时间。

区分温度循环试验和温度冲击试验的主要因素是温度变化率,是指在单位时间(分钟)内的温度变化量。温度变化小于或等于 20℃/min 的温度曲线,被认为是温度循环试验;温度变化大于 20℃/min 的,被认为是温度冲击试验。

对于不同类型的产品(航天、军工、医疗、汽车电子、通讯产品、消费类产品),其温度循环试验和温度冲击试验的各项指标(T_s(max)、T_s(min)、Dwell time、w/Tolerance 和循环次数)均不同,详细的可以参见 IPC—9701A。

3. 切片试验

电路板品质的好坏、问题的发生与解决、制程改进的评估,都需要微切片作为客观检查、研究与判断的根据。微切片做得好不好、真不真,与分析的正确与否大有关系。

一般生产线为监视制程的变异,或出货时之品质保证,常需制作多个切片。

电路板解剖式的破坏性微切法,大体上可分为三类。

(1)微切片

指通孔区或其他板材区,经截取切样灌满封胶后,封垂直于板面方向所做的纵断面切片,或对通孔做横断面之水平切片,都是常见的微切片。

图 5.11(a)所示的是 200X 通孔直立纵断面切片,图 5.11(b)所示的是 100X 通孔横断面水平切片。以孔与环的对准度而言,纵断面上只能看到一点,但横断面却只可看到全貌的破环。

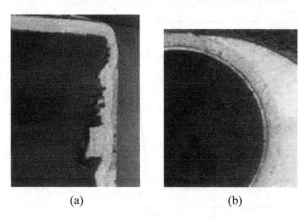

(a)　　　　　　　　　　(b)

图 5.11　切片断面图

(2)微切孔

用钻石锯片将一排待件通孔自正中央直立剖成两半,或用砂纸将一排通孔垂直纵向磨去一半,将此等不封胶直接切到半壁的通孔,置于 20～40X 的立体显微镜下(或称实体显微镜),在全视野下观察剩余半壁的整体情况。此时若另将通孔的背后板材也磨到很薄时,则其半透明底材的半孔,还可进行背光法检查其最初孔铜层的敷盖情形。

图 5.12 所示的是强光之下以性能良好的立体显微镜(40～60X)直接观察孔壁。这种"立体显微镜"看起来很简单,价格却高达 10 万元,比起长相十分科技的断层高倍显微镜还贵上一倍。目前国内 PCB 业者几乎均未具备此种"慧眼"去看清板子。

图 5.13 所示的是用钻石刀片将孔腔锯开来,两个半壁将立即摊在阳光下,任何缺点都原貌呈现,无所遁形。若欲进一步了解细部详情时,可再去做技术性与学理性的微切片。切

图 5.12　显微镜下的孔壁图

图 5.13　显微镜下的孔腔图

孔后直接用立体显微镜观察比微切片更有整体观念,但摄影则需借助电子显微镜 SEM 才会有更亮丽的成绩。

(3) 斜切片

多层板填胶通孔,对其直立方向进行 45°或 30°的斜剖斜磨,然后用实体显微镜或高倍断层显微镜,观察其斜切平面上各层导体线路的变异情形。如此可兼顾直切与横剖的双重特性。

图 5.14 所示的是明视与暗视 200X 之斜切片,是一片八层板中的 L2/L3(即第二层信号线与第三层接地层),此二层导体系出自一张。由于斜切的关系,故 GND 层显得特别厚,且图 5.14(a)中的黑化层也很明显。

(a)　　　　　　　　　　(b)

图 5.14　斜切片图

除第二类微切孔法是用以观察半个孔壁的原始表面情况外,其余第一及第三类皆需填胶抛光与微蚀,才能看清各种真实品质,此为微切片成效好坏的关键,关系至为重要不可掉以轻心。

以下为切片制作过程的步骤与技巧：

① 取样。以特殊专用的钻石锯自板上任何位置取样，或用剪床剪掉无用板材而得切样。注意后者不可太逼近孔边，以防造成通孔受到拉扯变形。此时，最好先将大样剪下来，再用钻石锯片切出所要的真样，以减少机械应力造成失真。

② 封胶。封胶是为了夹紧检体减少变形，采用合适的树脂胶将通孔灌满及将板样封牢。把要观察的孔壁与板材夹紧固定，使在削磨过程中其铜层不致被拖拉延伸而失真。

图 5.15 为 Buehler 公司的低速钻石圆刀锯，图中有单样手动削磨与抛光的转盘机，注意其刀片容易折断，需小心操作。

封胶一般多采用特殊的专密商品，以 Buhler 公司各系列的透明压克力专用封胶为宜，但价格却很贵。也可用其他树脂类，以透明度良好硬度大与气泡少者为佳。例如：用于电子小零件封胶用的黑色环氧树脂、小牙膏状的二液型环氧树脂（俗称 AB 胶）、各种商品树脂，甚至烘烤型绿漆也可充用。注意以气泡少者为宜，为使硬化完全，常需烤箱催化加快反应以节省时间。

图 5.15　钻石圆刀锯

③ 磨片。在高速转盘上利用砂纸的切削力，将切样磨到通孔正中央的剖面，即圆心所在的平面上，以便正确观察孔壁的截面情况。旋转磨盘的制作方法是将有背胶的砂纸平贴在盘面上，或将一般圆形砂纸背面打湿平贴在盘面上，再套合上箍环。在高速转动的离心力与湿贴附着力双重拉紧下，盘面砂纸上即可进行压迫削磨。至于少量简单的切样，只要手执试样在一般砂纸上来回平磨即可，连转盘也可省掉。以上所用的砂纸型号与顺序如下：

先以 220 号粗磨到通孔的两行平行孔壁即将出现为止，注意应适量冲水以方便减热与滑润。改用 600 号再磨到"孔中央"所预设"指示线"的出现，并伺机修平改正已磨歪磨斜的表面。改用 1200 号与 2400 号细砂纸，尽量小心消除切面上的伤痕，以减少抛光的时间与增加真平的效果。

图 5.16 为 Buehler 公司出售的多样自动削磨与抛光之转盘机，其试样夹具（有 9 个样位）可自转及公转。

图 5.16　自动削磨与抛光之转盘机

图 5.17(a)所示为 ECOMET 自动转盘机所配备的切样夹具,共有 9 个样位每位可放置 3～5 个柱形切样(用钢梢串起),可多个样品同时磨抛光。图 5.17(b)所示为另一专业供应商 Strvers 的机种,不过此等自动机只能制作板边固定的常规切片,很难做板内的故障分析与制程研究切片。

(a)　　　　　　　　　　(b)

图 5.17　切样夹具

④ 抛光。要看清切片的真相必须仔细抛光,以消除砂纸的刮痕。多量切样之快速抛光法,是在转盘打湿的毛毡上另加氧化铝白色悬浮液当作抛光助剂,随后进行轻微接触之快速摩擦抛光。注意切样在抛光时要时常改变方向,使产生更均匀的效果,直到砂痕完全消失切面光亮为止。

少量切样可改用一般棉质布类,用擦铜油膏当成助剂即可进行更细腻的抛光。此法也需时常改变抛光方向,手艺好时其效果要比高速转盘抛光更为清晰,也更能呈现板材的真相,但却很费时。抛光时所加的压力要轻,往复次数要多,效果才好,而且油性抛光所得的真相要比水性抛光要好。

⑤ 微蚀。将抛光面洗净擦干后即可进行微蚀,区分出金属各层面结晶状况。这种方法简单,但要看到清楚细腻的真相却很不容易,不是每次都会成功的。效果不好时只有抛掉不良铜面重做微蚀。微蚀液配方如下:"5—10cc 氨水＋45cc 纯水＋2—3 滴双氧水"混合均匀后即可用棉花棒沾着蚀液,在切片表面轻擦约 2～3s,注意铜层表面发生气泡的现象。2～3 秒后立即用卫生纸擦干,勿使铜面继续变色氧化,否则 100X 显微镜下会出现暗棕色及粗糙不堪的铜面。良好的微蚀将呈现鲜红铜色,且结晶分界清楚层次区隔井然的精彩画面。此时须立即拍照保存,以免逐渐氧化。不过当未能看见微蚀时,还需要重新再做一次。

图 5.18 中左图为 1000X 画面,抛光成绩非常良好,但未做微蚀看不见铜层的组织。图 5.18 中右图为 200X 画面,微蚀良好,各种缺失一目了然。

图 5.18　抛光画面

注意微蚀液至多只能维持 1～2 小时，棉花棒擦过后也要换掉，以免少量铜盐污染微观铜面的结晶。需摸索多做，才可找出其中的窍门。

氨水法得到的铜面结晶较为细腻，锡铅面仍可呈现洁白，其中常见之黑点部分即为锡铅量较多的区域。

五、问题探究

为什么要进行切片试验，切片的步骤是什么？

六、拓展训练

选择不同的方法对 HE6105 垂直放大电路中的 R1 和 C1 进行焊接可靠性实验。

附　　录

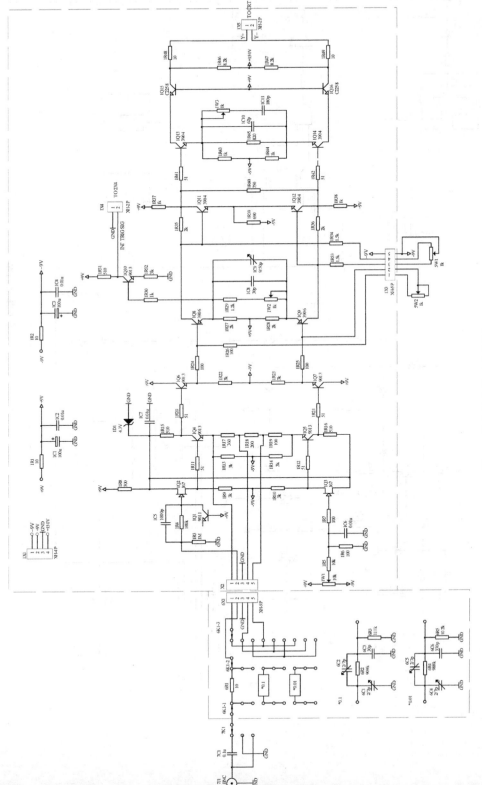

图 1　垂直放大单元电路原理

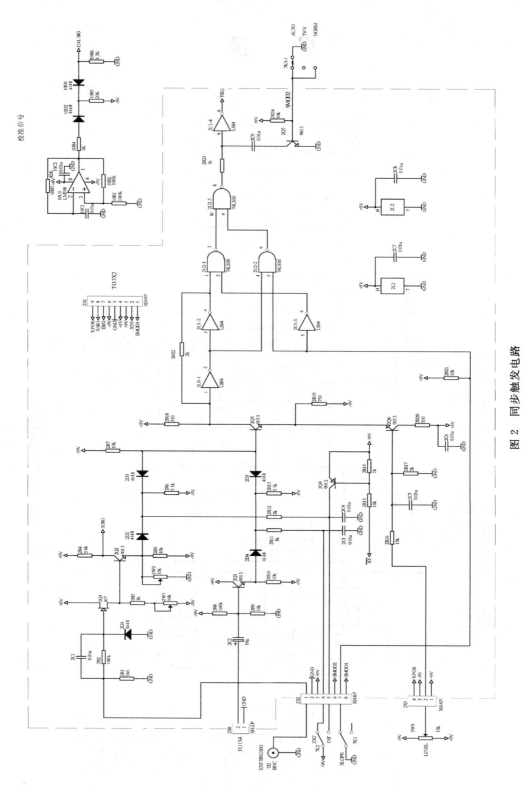

图 2　同步触发电路

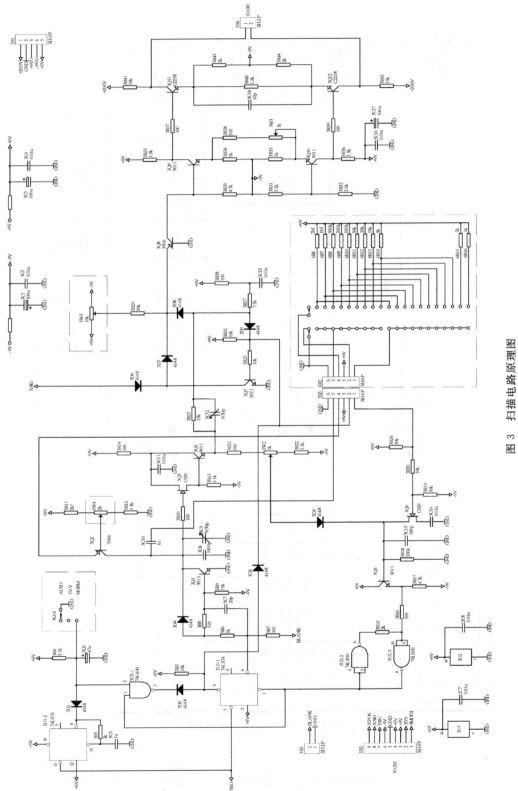

图 3　扫描电路原理图

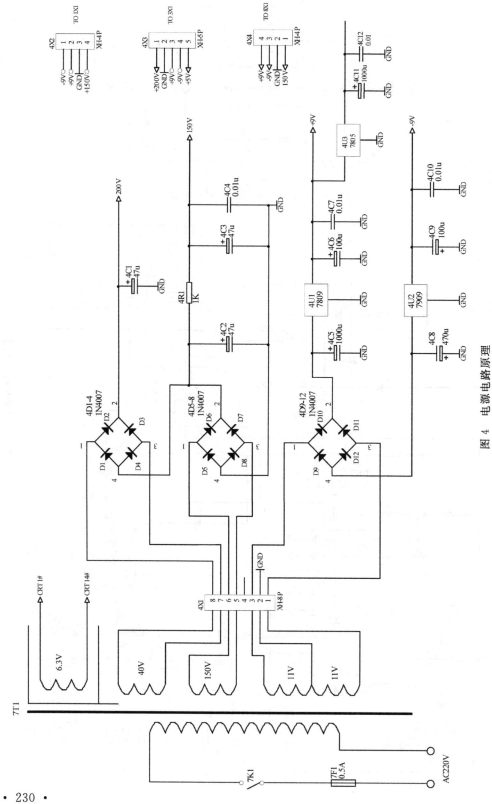

图 4　电源电路原理

参考文献

[1] 王应海,屈有安.电子组装工艺与设备[M].南京:江苏教育出版社,2007.

[2] 李宗宝.电子产品生产工艺[M].北京:机械工业出版社,2011.

[3] 夏西泉,刘良华.电子工艺与技能实训教程[M].北京:机械工业出版社,2011.

[4] 何丽梅,杨彦飞,管湘芸.SMT 基础与工艺[M].北京:机械工业出版社,2011.

[5] 廖芳.电子产品制作工艺与实训[M].北京:电子工业出版社,2011.

[6] 李朝林,徐少明.SMT 制程[M].天津:天津大学出版社,2009.

[7] 顾霭云.表面组装技术(SMT)通用工艺与无铅工艺实施[M].北京:电子工业出版社.2008.10.

[8] 贾忠中.SMT 工艺质量控制[M].北京:电子工业出版社,2007.

[9] 黄永定.SMT 技术基础与设备[M].北京:电子工业出版社,2007.

[10] 杜中一.SMT 表面组装技术[M].北京:电子工业出版社,2012.

[11] 周德俭.表面组装工艺技术[M].北京:国防工业出版社,2002.

[12] 祝瑞花,张欣.SMT 设备的运行与维护[M].天津:天津大学出版社,2009.

[13] 韩满林.表面组装技术[M].北京:人民邮电出版社,2010.

[14] 左翠花.SMT 设备的操作与维护[M].北京:高等教育出版社,2013.

[15] IPC—A—610E 标准(电子组件的可接受性)中文版.